熱帶水族箱

為自己創造一個絢麗的淡水世界！

史都華‧史瑞佛斯 Stuart Thraves ◎著

吳湘湄◎譯

晨星出版

熱帶水族箱

為自己創造一個絢麗的淡水世界！

史都華‧史瑞佛斯 Stuart Thraves ◎著

吳湘湄◎譯

上圖：一座剛完成栽種佈置的水族箱，放進去不久的魚兒們正在探索自己的新環境。運作系統成熟穩定後，就可以放進更多的魚，屆時水族箱就會變成一個多采多姿的水底世界。

序

　　人們對其他的世界總是覺得著迷。除了外太空外，另一個人類尚未完全探索的領域便是水底世界。從陽光普照的珊瑚礁水域到茂密的熱帶雨林樹蔭下涓涓細淌的亞馬遜河流等，水底世界擁有非常豐富多變的面貌。這類植物、魚類、無脊椎動物等在水底下和諧共居的棲息地很多，以上所提只不過是其中兩例罷了。

　　自從維多利亞時期那個充滿發現和發明的大時代以來，人們便一直試著要把迷人的水底景致帶入居家裡。最早的水族箱就只是前面有著一片玻璃的簡單盒子，裡面養著幾尾溫帶的魚種。因為不懂得魚兒的需求，那些魚通常很快就死掉，必須固定地更換新魚。然而在今日，人們很關心動物的福祉，絕對不能容許這樣的狀況發生。現今，我們對自然的循環以及如何維持其運作的科技都有了極進步的瞭解，使得養魚人士也有絕佳的機會，能夠佈置並維持一座可以美麗很多年的水族箱。

　　本書所介紹的是如何以十二週的時間逐步佈置並維護一座熱帶淡水水族箱。在實際操作的過程中，我們也會在必要時示範許多圖片以供讀者在選擇適合的植物和魚種時做參考。本書從頭到尾，最主要的宗旨就是要跟讀者解釋：水族箱裡生命維持系統的運作有多重要，包括整個過程中其所依賴的基礎科學。

　　養魚人士就是擁有寵物的人，而這個頭銜顯示其所需承擔的責任。如何控制水族箱裡的環境，將決定你所佈置的水底世界最後是會欣欣向榮或敗壞慘不忍睹。而在這個追尋的過程中，本書將帶領你走向成功之路。

CONTENTS

第一天
建立系統

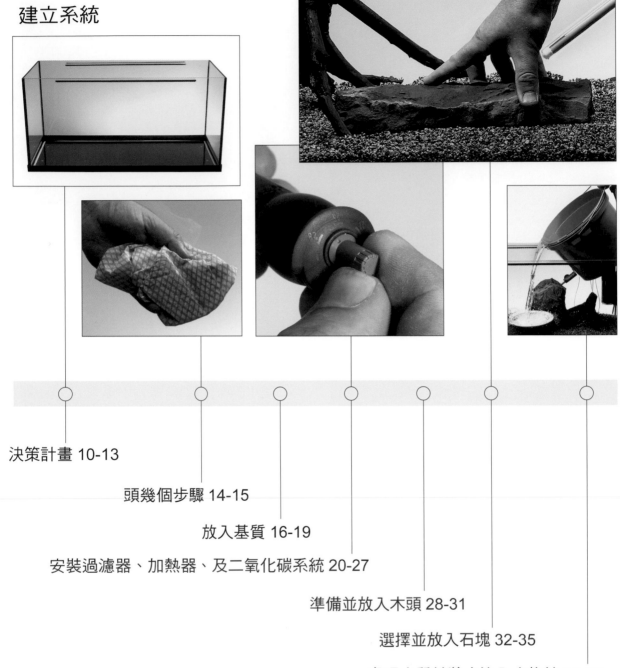

第二到第二十一天
在水族箱栽種植物

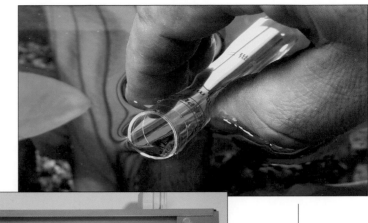

CONTENTS

第三週
把魚放入水族箱

第五週
增加魚的數量

第八週
完成穩定的運作系統

第十二週
完成佈置

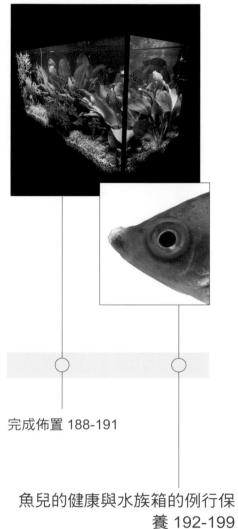

最初的想法與決定

當你決定佈置一座水族箱時，第一個重要選擇便是要將它放在家裡的哪個地方。不用說，那將會影響你對魚缸的尺寸及形狀的考量。

選擇一個適當的位置

通常每個家庭裡都可以找到一個適當的位置來擺放一座水族箱。水族箱的位置對其漂亮與否有很大影響。那意味著你可能得改變整個房間的佈置，好讓水族箱可以被放在最佳的位置。有個辦法不錯，那就是先將整個室內的佈置圖畫在紙上，然後將水族箱可能擺設的地點描繪出來。如此不但可以節省搬動家具的時間，也可避免最後才發現所有的東西根本都沒有放在適當的位置上！

最佳的位置應該是能讓水族箱成為室內焦點的地方，也就是黃昏時全家放鬆、或用餐時家人花最多時間的地方。一般人最喜歡的擺設法是將它做

為室內隔間，如此從水族箱的兩邊都可以觀賞到它。你也可以把它嵌進牆壁裡，成為一幅漂亮的「活動畫」。

一旦選好位置，下一步便是檢查水族箱的支撐是否足夠堅固，而這包括檢查任何事先組裝好的櫃子的支撐零件是否安裝妥當等。本書所示範的水族箱長 90 公分（36 吋）、深 38 公分（15 吋）、高 45 公分（18 吋）。這個尺寸的水箱在裝滿水時，其重量足足有 150 公斤（330 磅）！此外，也要檢查地板是否能支撐這樣的重量；基本守則就是：水族箱必需橫壓過幾根托樑，不能只壓在一根上。若有疑惑，請先諮詢合格的建築商。

最後，檢查你是否能把水箱搬進室內。水族箱可不是有彈性或可以壓平包裝的物件；它通常很笨重，而且是易碎品，處理時得非常小心。

選擇適合的水族箱

當你心中有了適當的位置後，下一個決定便是水族箱的選擇。現在市面上有各種尺寸、各種形狀的水族箱，而向賣場裡的專家討教，是一個不錯的主意。

考慮魚的需要

當你選購水族箱時，要考量的第一條黃金守則是：它必需能夠提供魚兒存活所需的正確條件。跟人類一樣，魚也要「吸入」氧氣、「吐出」二氧化碳；這些氣體會在水裡溶解，然後經由水面進出。爰此，任何水箱都必需提供一個大的水面面積，以便這兩種氣體能夠充分交換。

此一關鍵對水族箱的設計而言，有極大的影響。所幸，從維持生命的角度所做的水族箱設計，在客廳裡看起來也會很漂亮！既然我們的目標是創造一幅呈現水底景觀的活動畫，那麼最具效果、也最能引人入

擺設水族箱的位置

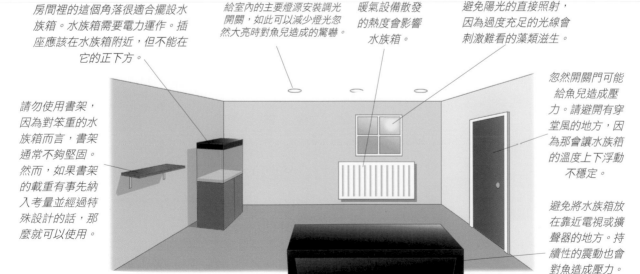

房間裡的這個角落很適合擺設水族箱。水族箱需要電力運作。插座應該在水族箱附近，但不能在它的正下方。

給室內的主要燈源安裝調光開關，如此可以減少燈光忽然大亮時對魚兒造成的驚嚇。

暖氣設備散發的熱度會影響水族箱。

避免陽光的直接照射，因為過度充足的光線會刺激難看的藻類滋生。

請勿使用書架，因為對笨重的水族箱而言，書架通常不夠堅固。然而，如果書架的載重有事先納入考量並經過特殊設計的話，那麼就可以使用。

忽然開關門可能給魚兒造成壓力。請避開有穿堂風的地方，因為那會讓水族箱的溫度上下浮動不穩定。

避免將水族箱放在靠近電視或擴聲器的地方。持續性的震動也會對魚造成壓力。

右圖：所有的水族箱都應該有一個大的水面面積，如此氧氣和二氧化碳才能被水面吸收或從水面逸出。立方形的水族箱能提供有趣的觀賞面，相對於水深，也有頗大的表面面積。

上圖：在今日，水族箱有各種尺寸和形狀供養魚人士選擇。圖中這個形狀具有曲度的水族箱放置在為其特別訂製的架子上，水族箱裡還附有燈光及過濾器的設施。

上圖：長方形的水族箱是一個傳統的選擇，也是本書做示範時的選擇。這座水族箱的大小是 90x38x45 公分 (36x15x18 吋)，可容 150 公升（33 加侖）的水量。

左圖：佈置成功的話，即便只是一座小型水族箱（這一座只有48公升/10.5加侖的水容量）也能成為任何一個室內的焦點。但請記住：想要讓水族箱看起來永遠維持在最佳狀態，那就意味著你需要執行規律性的保養，包括換水。你的水族箱附近就有水源嗎？或者你每次都得來回搬運很重的水桶？

勝的選擇，便是一個可提供寬屏風景的長方形水族箱。對魚兒來說，這個形狀也最理想，因為相對於水族箱裡的水量而言，長方形水族箱所提供的水面面積最大。

這個選購原則實質上排除了高柱狀的水族箱，因為那種水族箱的表面面積比較小。那種形狀的水族箱也只能養少數幾種魚，而且比起有景觀設計的水族箱來，它也需要更多的照顧。

有景觀主題的其它選擇還包括圓凸型的水族箱──在長方形或圓角形裡的──以及六角形的水族箱。除此，對較小的空間而言，小巧的立方形水族箱則很理想，也很受養魚人士的歡迎。

盡量買最大的
想辦法買最大且是你有能力照顧的水族箱。理由很簡單：養魚的時候，水族箱的水容量愈大，魚的排泄物就愈容易控制，如此一來，水族箱裡的環境就會愈穩定。雖然你也可以購置效果良好的過濾系統，但你所能提供的水量愈大，長期而言，對魚兒也將最有利。

購買前的最後檢查
在決定購買一座適合你所需的水族箱前，請先問問自己以下這些問題，做為一張總檢小清單，以避免未來可能發生的麻煩。水族箱出問題時，有多少解決的管道？規律性的保養是否容易操作？如果水族箱本身附有內置的維生系統，其保養步驟是否簡易？請詳細檢查水族箱的玻璃，即使只有細微的瑕疵也請勿購

買，因為它們都是水族箱潛在的弱點。即使只是一座小型的水族箱，裡面也裝著大量的水，再加上佈置的植物、石子、設施、以及魚兒等，如果破裂了，也會造成你客廳裡的大災難！

給水族箱貼上背景
當你的水族箱佈置完成、而你正享受著觀賞魚兒水中游的放鬆效果時，你最不想看到的就是水族箱水藻斑駁的玻璃後面那些夾纏的電線和水管。避免這種討厭的干擾很簡單，一張背景圖就可以遮住那些電線並提供一個較不引人注意的背景，讓你的魚兒、植

物、景觀等獲得最佳的展示。深色的背景可以減少水藻的產生，並讓你的魚比較有安全感，進而成長得比較健康。3D 背景則可以創造出一個自然的環境，做為你的水景風格的基底。但請記住：背景圖一旦貼上後，想要做改變就很困難。在本書佈置水族箱的步驟裡，我們並未貼上背景圖，因為這樣我們才能更清楚地示範水族箱佈置的實際過程。

背景貼片
最簡單的背景是黏貼在水族箱外面的塑膠貼片。你能選擇的顏色、變化、和設計很多，從自然

*上圖：*鑽石彩虹鯽是群居的魚種，因此最好一群養在一起。請給牠們足夠的游泳空間以及看起來漂亮又自然的茂密植物區，讓牠們能夠在其間悠游躲藏。

*右圖：*方形水族箱最能讓你在水草種植上發揮創意。這個水族箱的後方玻璃貼著黑色背景貼片，因此我們可以從三方面觀賞它的佈置設計。加溫器和過濾器佔據一個角落。

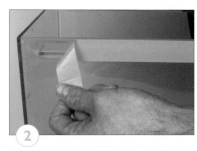

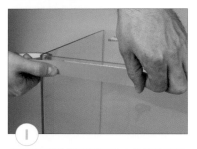

貼上背景貼片

①

將長條形的雙面膠沿著水族箱玻璃的上方以及左右兩側垂直貼好。

②

雙面膠要重疊以免有隙縫。將雙面膠的背層撕開，露出有黏性的那面來。

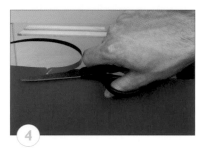

③

將背景貼片慢慢黏上去，要小心避免產生皺摺。一開始先輕輕黏上即可，如此，若有錯誤方能輕易調整。

④

當背景貼片很平滑時，再用力壓、使其貼緊玻璃。最後再將邊緣處多出的部分修剪掉。

上圖：請小心選擇背景貼片的圖案，因為貼好後就很難卸除。自然的設計或簡單的黑色，看起來通常都比色彩繽紛的設計好。

植栽到岩石風景到奇特的景觀等。如果你不確定哪一種設計最適合你的水族箱，那就選擇簡單的黑色——這顏色最能襯托出魚兒的鮮豔和律動，並可讓觀賞者的注意力聚焦在你所做的佈置上。使用具黏性的泡沫墊就可輕易地把背景貼片貼上了，但這樣做會留下隙縫，而水滴入隙縫中後，久而久之便會留下明顯且難看的污跡。最好的方式是沿著水族箱的頂端和側面處貼上雙面膠，然後再把背景貼片沿著玻璃滾貼過去，貼好後再把底部和側面多出來的部分修剪掉即可。若要貼得嚴密且沒有任何皺褶，你可能得費不少功夫，但這個工作你只需要做一次就好。

模製背景

如果你想要一個較寫實、且具有視覺吸引力的背景，你可以考慮選用專門為水族箱設計的模製背景。市面上可供選擇的設計很多，但基本上都是看起來像石頭或特殊的樹根結構。一個模製背景對水族箱的整體樣貌而言，是一個很大的要素，而且你也可以在它上面種地衣或寄生植物。然而，選購時要明智，因為模製背景是固定的設備，除非你剝掉整座水族箱，否則要將之卸除不容易。

模製背景的尺寸也很多，但一般而言，你需要買稍大一點的，然後再用美工刀將多餘的部分修掉。形狀切割好後，再使用水族箱專用的矽樹脂密封劑將它固定好，然後就可以開始佈置水族箱了。

上圖：立體的模製背景有著一種自然的風貌。

左圖：這種模製背景有隙縫，若想種植地衣類的植物，這是一種理想的選擇。

左圖：模製的背景有浮力，因此必需在水族箱乾燥的時候用矽樹脂密封劑將它固定好。只能用水族箱專用的密封劑，而且要給它至少四十八小時的時間變乾。

建立系統

在選購水族箱的同時，也需要購買很多種配件，以便延長水族箱的壽命。一開始就做考慮，是值得的。你可以列出一張清單，以便確定該買的都買了。熟悉自己所需要的物品可以幫你擬出購買水族箱的整體預算，而且你若在購買水族箱的同時選購其它配件，或許還能獲得一些折扣。除了二氧化碳吸收器外（之後會討論），下面方格子裡所列的配件，對你的水族箱而言都是必需的。

上圖：想想你所選購的水族箱需要附加哪些配件，並列出一張你所需購買的物品清單。商店的老闆或許會給你一些折扣。

一開始就需要的項目

- 過濾器
- 控溫器
- 溫度計（非必需）
- 基質
- 水質分析儀
- 去氯器
- 細菌啟動產品（非必需）
- 基本的乾餌料
- 裝飾品和植物
- 背景
- 水桶
- 二氧化碳吸收器（非必需）

長期維護所需項目

- 水藻清潔墊
- 抹布或用完即丟的毛巾
- 砂礫清潔器
- 虹吸軟管
- 添加食物
- 汰舊換新用的過濾介質
- 清除垃圾的撈網
- 植物肥料

檢查水族箱的玻璃是否有任何明顯的瑕疵或刮傷。在水的壓力下，這些小問題都會變成大問題。

較平水族箱是極其重要的第一步；當你把水注入水族箱後，即使是小小的差異也會變得很明顯。你可以使用一條長的水平尺；若有需要，也可將水族箱放在一塊直的木板條上。

佈置水族箱時，第一天的工作主要是把水族箱放在適當的位置、安裝其所需設備、以及將頭一批硬的水景裝飾物等一一放入水族箱內。因此，在第一天結束時，你對於整座水族箱的景觀就會有一個整體的概念。

在開始組裝從水族店買回的設備前，請先確定以下所列之工具都已經準備好：

- 一條長的水平尺
- 螺絲起子
- 銳利的剪刀
- 釘子或硬毛刷
- 水罐
- 一兩條舊毛巾
- 四孔延長線
- 插入式二十四小時計時器
- 黏貼背景用的雙面膠（參閱第 13 頁）
- 電線束線帶
- 一個 10 公升（2 加侖）的塑膠水桶

在照顧水族箱的過程中，水桶是一個不可少的必需品。你需要用它來搬運乾淨與骯髒的水，也可將之用來存放保養水族箱所需的一切工具。建議你選購一個裡面有明確水量指標的產品，如此方便測量你的水族箱所需的水量。另一個方式是，你可以自行在水桶外面標上記號。

你也可準備幾條隨手取用的乾毛巾，以防袖子弄濕了或在安裝的過程中被水濺到。

頭幾個步驟

當你選好水族箱並決定了它擺放的位置後，就可以開始享受佈置它的過程了。請記住：你需要耐心、謹慎地進行，並逐步遵循本書所提供的步驟。匆忙完成佈置，或在頭幾週某幾個關鍵階段未能給予逐漸成形的水族箱成熟的機會，那樣不但會造成未來的問題，還會讓你一開始時所曾有的美好感覺煙消雲散。

上圖：用一條乾淨的毛巾將水族箱內面玻璃上的灰塵擦乾淨，否則它們會在水面形成一層薄膜。玻璃的外面也要擦乾淨，把包裝時所留下的髒污全部清除。

較平及清潔

當你將所有設備拆封、把水族箱放到櫃子或支架上後，第一件工作便是確定水族箱從正面到背面、從左側到右側，都是水平的。這一個步驟很關鍵，因為一個「傾斜的」水平面不僅看起來不自然、礙眼，且不水平的水族箱基本上就不穩固。但你要調整的是櫃子或支架，而非水族箱。若將楔子塞進注滿水的水族箱下面，會給水族箱的玻璃造成壓力，最後可能會導致玻璃破裂。同時，你可在水族箱下面墊上泡沫膠或保麗龍，以彌補櫃子或支架表面輕微的不平整。（放置水族箱的櫃子或支架下面則不需要。）

接下來的工作就是用一條濕布將玻璃內外都擦乾淨。水族箱可能在商店裡已經擺放好幾個星期了，上面累積的灰塵必需清理。請使用乾淨的擦布——最好是全新的、上面沒有殘留化學清潔劑的。

放入基質

把空的水族箱擦乾淨、貼好背景、較平放好後,你就可以把那些即將創造生動的水底景觀並給予維護的東西放進去了。進行時,請由下而上。第一樣放進去的東西就是基質。大部分的基質都必需事先清洗乾淨。未經清洗的基質會造成水族箱水質的汙濁,連過濾器都很難將之濾清。因此,在使用基質前,徹底的清洗是必要的。即使是看起來很乾淨的基質,在第一次清洗時,也會製造出汙水。清洗基質的方式很簡單,只要將之放在水桶裡,用水龍頭的水清洗幾次直到水變清澈即可。使用煮沸的水可以加速汙泥的分解,但記得要使用一支大湯匙或類似的工具攪拌,以免燙傷自己的手。

基質所扮演的角色

你可以用基質在水族箱裡創造出一張自然的「床」,以支撐你用來佈置水族箱的任何石塊或木頭。有些魚很喜歡在基質的上面到處挖掘、尋找細碎的食物。如果水族箱裡沒有活的、有根的植物,那麼你所選擇的基質只要看起來賞心悅目、也符合你所養的魚的需要即可。然而,在有種植水草的水族箱裡,基質扮演著至關重要的角色:它可以鞏固種在它上面的植物,並提供植物所需的養分。通常,水族箱只使用一種基質,但同時使用幾種不同的基質看起來也會產生同樣的效果。例如,在植物較密集的區域,你便可以使用植物專用基質,而開放的區域,則只要鋪上一般的砂礫或細沙即可。無論你做何決定,一開始就選對基質是很重要的,因為以後若想更換的話,這可不是一件容易的事。首先,基質的種類很多,而如何選擇可能會讓消費者覺得困惑。我們可以從它們能給植物提供甚麼,這樣的角度來給予分類。

完整基質

這種基質只要一種產品便可提供植物全方位的養分需求。顏色與顆粒大小的選擇很多。它們的價格略貴,但很方便。

最底層 / 添加物

這類基質含有濃縮的高含量養分,你可以將之鋪在一般砂礫或細沙的中間。使用量不需太多,

上圖:這種營養豐富的基質對水草茂密的水族箱而言,是最理想的選擇。它主要是被鋪在主基質的下面,而水草會透過長進它裡面的根吸收養分。

上圖:這種土球充滿了營養成分,是專門為個別的植物所設計,其目的是提供那些植物額外所需的養分。只要將它們埋在靠近根部的基質裡即可。

上圖:在水桶裡將基質徹底洗乾淨。不要匆忙完成這個工作;相反的,在水裡只放進少量的基質,然後加以攪拌直到水變清澈為止。

上圖:將清洗乾淨的基質一小堆一小堆地慢慢倒進水族箱裡,一邊倒、一邊將之弄平。基質約需 10 公分(4吋)的厚度。

除了傳統加溫器外，你也可以選擇埋在砂礫底下的那種產品。該種產品可以促進水的環境溫度（約攝氏5度或華氏9度），而非將溫度維持在某個範圍內。這種加溫器有兩個優點：第一，它會在砂礫裡製造細小的水流，藉此平均分佈氧氣與養分。第二，因為埋在砂礫裡，看不見。另一個方式是將傳統加溫器藏在植物與裝飾品的後面，但這樣做不容易，尤其在小型水族箱裡。由於電容量很低（通常在7到15瓦之間），它們很適合冷水水族箱。

上圖：加熱墊的功能是在小型水族箱裡溫和地增加水溫。你可以將它們固定在水族箱裡，或，如圖片所示，將它埋在一層砂礫下。

如此就會顯得比使用完整基質來得便宜，但你需將砂礫或細沙的花費計入。

塊狀 / 條狀基質

這些產品必須與一般的砂礫或細沙一起使用。它們是小塊狀的營養物，將之埋在植物的根部旁邊，它們便會慢慢將養分釋出。不同於最底層基質，這些塊狀產品可以隨時加進水族箱裡；因此，當你的水族箱原先只有砂礫層、而後來你想開始種植水草時，那麼它們就是最好的選擇。這些產品中有些需要較常更換，或者比起其他產品來營養成分較有限，因此選購前，請仔細閱讀標籤上的說明。

細沙

鋪在水族箱底部的細沙可以製造出令人驚豔的效果。細沙的顏色很多，而且許多魚類也喜歡在沙裡鑽動。請使用水族箱專用細

左圖：豌豆狀砂礫不適合作為種植水草的基質，但可以薄薄一層地鋪在基質的最上面。你可以自行混合不同大小的砂礫，以實驗出更有趣的效果。

沙，切勿使用建築用的沙，因為後者含有微小粒子，會造成水質的混濁。一段時間後，細沙會變得密實，因此不適合作為種植水草的基質，但它們仍然可以用在水族箱裡的開放空間，模擬出叢林水流下沙洲的效果。請勿將細沙鋪在碎石上，因為幾個月後，它們就就會慢慢沉入碎石的下面去，不見了。

豌豆狀砂礫

水族箱最常見的基質就是豌豆狀砂礫，如此稱呼，是因為它們的形狀是圓的，像豌豆一樣。市面上有各種尺寸的豆狀砂礫，最好用的是5公釐大小的（0.2吋）。此種等級的豌豆狀砂礫擁有頗開放的結構，經過一段時間後，也不會被壓實，因此，能夠讓含氧的水緩緩流通到各平面，避免基質層裡的區域因不流通而發臭或缺氧。

如果你的主要水源是軟水，那麼砂礫的礦物質含量可以緩衝水質的變化，並提供一個較穩定的中性到微鹼的酸鹼質。如果你的水源一開始就相

對較硬且微鹼，而你想要創造一個較酸的水質（以配合某種魚類的需求），那麼你可能會發現，若使用豌豆狀砂礫，要降低酸鹼質很困難，因為基質裡的礦物質含量會將水質帶回到中性或微鹼的狀態。在這情狀況下，你可考慮使用完全無生命力的基質，例如不含石灰質的石英砂礫，那樣就完全不會影響水質的變化了。

石英砂礫

石英砂礫是一種無生命力的顆粒狀物質，對多數水族箱的佈置而言，十分理想。石英砂礫的顏色有很多種，最常見的是深沙色。最適合放進水族箱的尺寸是 1 到 3 釐米長（0.04-0.12 吋）。這般大小的砂礫做為基質時，能夠讓植物的根很容易穿進去、使其長得健壯。與其他砂礫基質一樣，石英砂礫也需要在它中到較低層的裡面與紅土或類似的營養物質做結合，以維持植物的生長所需。

上圖：這座水族箱用混合了砂礫和小鵝卵石的基質模仿出河床的樣貌。要改變基質的紋理和顏色，是非常容易的事。

不含石灰的砂礫是最佳的無生命力主基質，也是一種很良好的種植環境。

豌豆狀砂礫取得容易，而且價格便宜。將不同大小的豌豆狀砂礫混在一起，不但能增加變化，且與較大顆的石塊和鵝卵石一起使用時也很搭配。

右圖：如果你選擇細沙的基質來模仿某種自然棲息地，記得要經常用手指攪動它，以免細沙變得密實了，發生淤塞。可使用一條清澈的虹吸管，將水藻和碎屑清理乾淨。

紅色石屑能給水族箱增加色彩與紋理。石屑的顏色有很多種；你可以選購與水族箱裡的石塊相搭配的顏色，以創造出最佳效果。

黑色的石英砂礫與較常見的金棕色砂礫混在一起時，其顏色可以產生很棒的對照。

下圖：就種植環境而言，混合基質比單一基質更有用。

在水族箱裡使用泥土

說到種植水草，雖然泥土看起來似乎是最佳的介質，但比起許多專門為水族箱的水草所設計的產品而言，泥土並不實用。然而，你若能開發自己的技巧並且喜歡使用泥土做為主要種植媒介的挑戰的話，那麼以下幾個步驟是成功的必要條件。第一，確認你所使用的泥土是適合的：園藝用的泥土通常含有與水下環境不相容的養分和微生物，以及可能有害的殺蟲劑和其它會腐敗的殘骸等；除此，添加了泥炭的混合物也會在一段時間後讓水質變成強酸性。因此，唯一建議使用的泥土是：池塘植物籃所使用的消毒過的水底專用土壤。第二，用砂礫或細沙將泥土完全覆蓋住，否則，任何來自魚兒輕微的攪動，都會讓水質變得汙濁且養分溶於水中，導致水藻的快速滋長。同然，種植水草時，動作也要儘量小心，以免將泥土暴露出來；此外，一旦種植完成，請勿再輕易攪動整個基質。任何改變或移動植物，都會讓水族箱裡的水變成泥湯，導致你最後不得不將水族箱徹底清理、重新來過。即便如此，有些人仍能有效地在水族箱裡使用泥土。泥土擁有持久性的鐵含量與其它營養成分，免除了以後必須經常施肥的麻煩。除此，泥土裡的有機物質在其溶解的過程中也會釋放出植物所需的二氧化碳。

在水族箱裡使用泥土，必須很謹慎。

安裝過濾器、加溫器、和二氧化碳系統

過濾器是水族箱裡最重要的設備之一。市面上有各種品牌和尺寸，但所有的過濾器其基本功能都一樣：移除水族箱裡的固體垃圾，並給數以億計的、讓水質保持良好的「有益菌」提供一個庇護的場所。第三個功能是，藉由能夠吸收特殊毒素的產品（如活性碳）將水中的廢物以化學方式移除。

有些水族箱附有內置的過濾器。這是一種簡單又直接的選擇，而且這類內置的過濾器會與水族箱的容量相配。或者，你可以選購某一種風格、形狀、或尺寸的水族箱，然後再安裝一具個別的過濾器。若是後者，那麼視安裝過濾器的位置（在水箱內或水箱外）、輸出功率、如何驅動（用空氣或泵）等條件，你有幾種不同的選擇。基本上，過濾器提供所謂的機械過濾（移除固體垃圾）、生物過濾（透過細菌移除溶解的垃圾）、和化學過濾（偶爾會使用）等三種。使用最基本的過濾器時，機械過濾和生物過濾是透過同樣的材質（稱為過濾介質）來完成；但若使用較精密的過濾器，你會有較多的空間與機會採用先進的過濾介質。

安裝在水族箱內的電源過濾器

本書所示範的水族箱使用的是一具小型的內置電源過濾器，安裝的位置就在水族箱的後方角落。過濾器上面有一個可以浸入水裡的水泵；它會將水引過過濾介質，然後再讓它流出來。其過濾介質只是一塊開孔泡棉，雖然簡單卻能執行兩個很棒的功能：一，可以卡住水流中的固體垃圾；二，給有益菌提供一個很大的表面積。很多水族箱內的過濾器都有良好的設計，很容易拆下來保養或更換。

將過濾器的支架用吸盤固定在玻璃上，再把過濾器嵌進去。全新乾淨的水族箱在固定吸盤時較容易且不易滑落；吸盤在水裡泡久了，會變得很難附著在玻璃上，尤其是髒玻璃。適度調整過濾器的角度，這樣過濾後乾淨的水就可以沿著對角線流動過整個水族箱。如此一來，水族箱裡的水就可以有較平均的循環。這個過濾器的進水口在其主體的正下方，因此小心不要把它埋到基質裡了，否則會嚴重影響過濾器的功能和運作。

下圖：將過濾器嵌入支架時，動作要和緩，否則支架可能會破裂或從玻璃脫落。

安裝在水族箱內的電源過濾器

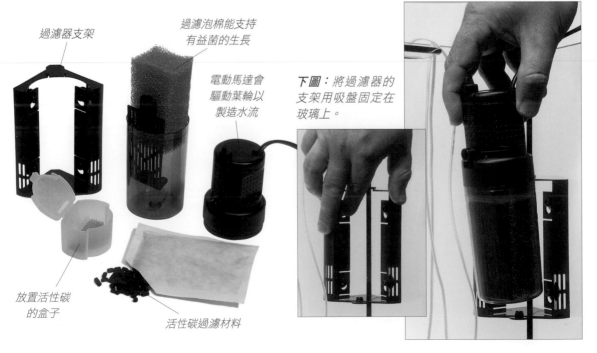

過濾器支架

過濾泡棉能支持有益菌的生長

電動馬達會驅動葉輪以製造水流

下圖：將過濾器的支架用吸盤固定在玻璃上。

放置活性碳的盒子

活性碳過濾材料

水族箱內的過濾器已就位

左圖：髒水會從過濾器的底部進入，因此安裝過濾器時要確定機器離基質有一段距離。過濾後的淨水會從機器上方對角朝外的噴嘴返回水族箱。

過濾器的固定保養很重要，切勿讓被卡住的固體垃圾多到阻礙了過濾器內有益菌的生長（如何保養過濾器，請參閱 152 頁）。水中若缺氧，不但會造成好菌的死亡，水質也會變壞，最後導致魚生物的毀滅。不過，只要好好保養，這種過濾器可以使用很多年。

安裝在水族箱外的過濾器

顧名思義，外置過濾器就是安裝在水族箱外的過濾器，由一條看得見的小管道系統連到水族箱裡。由於水族箱外的過濾器比水族箱內的過濾器大，因此它水量的周轉也較大，可以用在需求較嚴苛的水族箱。此種過濾器的內部空間可以填入不同的機械、生物、和化學過濾介質，且通常填放在不同的套盒裡。髒水進入過濾器後先經過機械過濾材質（通常是開孔泡沫膠棉）以移除固體垃圾；接著，水會經過生物介質，通常是陶瓷中空圓筒或高科技燒結玻璃材質（經高溫燒烤後形成幾百萬條細小的裂痕，是「清道夫」細菌最理想的宿處）；最後階段通常是在一個特殊的化學介質和（或）一團細緻的過濾用玻璃纖維之間進行，其功能在於將殘餘的固體垃圾之細微分子卡住後，再把水打回水族箱裡。

外置過濾器的水流量由兩個條件決定：一，當放在水族箱下方時離水平面有多遠；二，導水管有多長。為確保較佳流量，請將過濾器盡量靠近水平

安裝在水族箱外的過濾器

髒水經由重力進入過濾器，濾淨後再被泵回水族箱裡。

機器內部的小罐子可以裝入不同的分層排列的過濾材質。

生物介質（陶瓷圓筒）所提供的表面可以讓有益菌大量繁殖。

過濾泡棉能夠卡住較大的垃圾殘餘，並且附有生物介質的功能。

活性碳能夠移除有毒物質。

過濾用玻璃纖維可以預防微粒分子卡在葉輪裡。

上圖：將過濾材質分層排列在罐子裡，粗的過濾泡棉在最下面，接著鋪上一層生物介質，然後活性碳，最後是一團過濾用玻璃纖維。

21

面 —— 通常在水族箱下方的櫃子裡 —— 並盡可能縮短導水管的長度。購買外置過濾器時，要選擇附有品質優良的隔離閥的那種，因為當你要拆下過濾器進行保養時，只有隔離閥可以不讓你的室內釀成水災。此外，也要檢查馬達前端和機身之間的密封圈 —— 通常是一個圓形橡皮 —— 是否容易放入，並且在你重新組裝機器時不會脫落。如果這個密封圈沒有放置正確的話，過濾器就會漏水。

空氣動力過濾器

水被這種小型的機器引入後，便會穿過一個裝有過濾材質的小容器或一塊泡棉，其動力來自往上的由氣泵打出來的氣泡水流。此種過濾器很適合隔離或治療用水族箱（請參閱118頁）；它的運作能夠給新買回的魚或隔離治療的魚提供過濾和通氣。但這種過濾器不適合大型水族箱，當然也不適合二氧化碳量要用來支持植物生長的水族箱，因為多餘的通氣會在植物還沒有機會利用二氧化碳前就將之排出了。（請參閱第25頁有關二氧化碳施肥系統之詳細資料。）

懸掛式動力過濾器

懸掛式動力過濾器跟外置動力過濾器的功能一樣，差別只在懸掛式機器是掛在水族箱的玻璃邊緣上。水是由葉輪引入機身，穿過各種過濾介質後，再像瀑布般落入水族箱內。

過濾介質的種類

機械過濾介質從各種等級的泡棉到非常細密的過濾纖維都有。生物過濾介質包括燒結玻璃和陶瓷圓筒。化學介質則是在水質出問題時短期使用。

開孔泡沫膠棉可同時用在內置式和外置式兩種過濾器裡。此種過濾介質能夠提供有益菌繁殖時所需的大內部面積。它也有很棒的

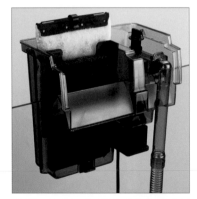

上圖：這是一個懸掛式動力過濾器掛在水族箱玻璃上的樣子，它的蓋子暫時移開了，露出裡面充碳的玻璃纖維。

上圖：空氣動力海綿過濾器用在魚苗養殖的水族箱時很安全。此機種不但能夠卡住骯髒的細微分子，也是微生物（小魚的食物）繁殖之處。此種過濾器用在隔離箱或治療箱時（請參閱118頁），也是理想的選擇。

機械過濾介質的功能，但需要固定清潔以確保其核心沒有卡滿殘餘垃圾。泡棉使用一段時間後會萎縮、變形，此時就需要更換。更換時最好只換一半，如此才不會失去寄宿在泡棉上的所有過濾菌。每次更換泡棉時，還要連續幾天測試水質，因為細菌數量開始減少時，可能會造成水質的敗壞。

陶瓷圓筒用在外置式動力過濾器時是一種優良的生物過濾介質，因為它有很大的表面積可供細菌繁殖和附著，並且擁有開放性結構，有助於大量的水流通。跟泡棉不同的是，陶瓷圓筒比較容易清洗：你只要在水族箱的舊水裡輕輕攪動它們即可，而且好幾年才需做更換。

燒結玻璃是一種高容量的生物過濾介質，以極度高溫燒製使其表面出現微小裂紋而成。此材質巨大的表面積可以支持好氧性硝化菌（可將氨與亞硝酸鹽分解成毒性較小的硝酸鹽）及厭氧性還原細菌（可將硝酸鹽分解成完全無

上圖：內部過濾包的保養程序很簡單，只要更換過濾墊即可。

上圖：這個機種有兩個過濾包，一個淨化水質，另一個過濾藻類。

害的氮氣）的生長。燒結玻璃可作為生物介質獨立使用，給流過的水提供最佳的機械性過濾。任何堆積過久的垃圾殘餘都會讓玻璃上的細微裂痕失去生物過濾的效能。

塑料介質的最大功能是它提供了很多表面積。某些介質的結構設計相當粗糙，因此通常做為機械過濾介質使用，以卡住大分子的廢物。其他種類的塑料介質——通常稱為「生物球」的——則是做為生物過濾介質使用。這兩種介質都非常耐用，只要固定保養，便可提供長期之過濾效果。

活性碳被當作過濾介質使用已經很多年了，但直到最近我們才知道它是怎麼運作的。不同材質的活性碳（如骨頭、椰子、或木炭等）不但具有不同的特性，而且在某些水族養護的作用上也比其他材質優良。因此，最具效能的選擇便是不同材質的混合使用。炭上面的活性部位會吸附水中的雜質，因此活性炭在移除各種物質，如染料、殘餘藥物、和有機廢物等時，非常好用。請每個月或每六星期就更換過濾器的活性碳，並且在使用前置於水龍頭下清洗以滌淨上面的任何微塵。

化學過濾介質通常就是能撿拾水中某種特別化學物質並將之代換成無害鹽的離子交換樹脂。這些介質的運作很迅速，且通常使用在移除亞硝酸鹽或磷酸鹽等化學物質上。使用時，請記得與測試工具一起使用，以便監測你意欲消除之化學物質的含量。在使用藥物處理水族箱前，請先消除其中的化學物質。

活性碳由許多材料混合而成，是水族箱裡最有效的過濾介質。

過濾纖維能移除細微分子並在水最後回到水族箱前將之「優化」。

燒結玻璃圓筒能提供巨大的表面積以供有益菌寄宿繁殖。

塑料介質，如這些結實的「生物球」，是機械過濾和生物過濾很理想的選擇。

過濾泡棉在水族箱裡可同時做為機械過濾介質及生物過濾介質。

化學過濾介質有其特殊功能，如移除亞硝酸鹽及磷酸鹽等。

過濾纖維很適合做為移除細微粒子的最後一道程序，並能在水回歸到水箱前將其優化。使用時將其弄鬆或團成一個墊子。記得要常常做檢查，因為當它被垃圾塞住時，水流量便會減少。清洗此種介質時，很難不將它的結構摧毀。因此，最好的做法便是固定將這種並不昂貴的材質直接換新。

安裝恆溫器

水族箱需要加熱恆溫器來保持一個持續且穩定的溫度；對多數熱帶觀賞魚而言，最理想的溫度是介於攝氏 24-26 度之間（華氏 75-78 度）。所有的恆溫器都有刻度，能讓你設定你想要的溫度；並且，在正常情況下，能讓水族箱保持一個固定的溫度。

傳統加熱恆溫器

多數恆溫器都是由裝在玻璃管內的上下兩部分組成：加熱元件與恆溫器。恆溫器用以測量水溫，而當水溫降到所設定的溫度以下時，電力便會啟動加熱元件。加熱元件通常由金屬材質製成，混合部分陶瓷以平均熱能；其長度則視加熱器的功率及需要加熱的水量而定。標準的尺寸從給小型水族箱（通常不超過 50 公升/11 加侖）用的 25 瓦到給 300-400 公升（66-88 加侖）水族箱用的 300 瓦等都有。對較大型的水族箱而言，你可以安裝兩支加溫器，如此就不會讓兩支恆溫器的各別負荷量太大，而且，若其中一支因故壞掉的話，你還有另外一支能運作。

恆溫器要調整在 45 度角，並讓加熱的那一頭朝下。這個角度最容易散熱，不會讓新加熱的水影響到加熱器尾端的恆溫器。最理想的位置是將恆溫器安裝在水流量佳的區域，如靠近過濾器的地方，且要在水面下幾公分處，如此，當你換水時，它才不會暴露出水面。如果恆溫器離開水面時仍在運作的話，那麼它可能會因溫度過高而破裂，因此，恆溫器只有放在適當的位置且完全在水底下時，才能打開它的開關。

有些傳統加熱器擁有溫度變化維持在一度以內的電子恆溫器、安全關閉開關、及不易碎裂的強化玻璃等。

現代加熱恆溫器

由於微體電路芯片以及現代化材質使用的技術進步，我們現在可以在市面上看到不少加熱恆溫器的創新設計，給消費者提供許多優於傳統恆溫器的選擇。新的電子科技在溫度控制上更精確、讓消費者更易掌握機器的運作、也更具安全性（當加熱器暴露至空氣中時，有立即關閉開關的安全設計）。除了這些改良外，現代加熱恆溫器還有許多優點，例如不使用或僅使用極少量的玻璃、由快速導熱材質製成、堅固抗摔且不懼暴露於空氣中等。新型的加熱恆溫器比傳統加熱恆溫器昂貴許多，但它有較佳的溫度控制，使用時也較安全。

二氧化碳施肥

植物若要在水族箱裡蓬勃生長，需要三樣東西：養分、光線、和二氧化碳（CO_2）。養分會加在基質裡，而光線會在後面的篇章討論。現在，我們先將重點放在二氧化碳的增加上。

植物會利用二氧化碳（一種氣體）和光線，透過光合作用來製造能量及其生長所需的糖。二氧化碳和光線必需平衡：如果二氧化碳太多、且沒有足夠的光線經由光合作用將之「用完」，那麼藻類就會迅速生長，

左圖：一支可靠的恆溫器是不可或缺的工具。請選購耐用、溫度刻度明確、且開關調整精準的產品。

左圖：多數恆溫器可將溫度設定在攝氏 18-32 度（華氏 64-90 度）之間。它們通常已預設在攝氏 27 度（華氏 80 度），但你可以輕易轉動上面的旋鈕來做調整。

下圖：雖然較昂貴，但現代的加熱恆溫器（如圖中所示這支堅固的陶瓷加熱器）不但基本上不易碎、有更佳的溫度控制、且有許多額外的功能。

不但會影響水質，也可能會傷害魚隻及水族箱裡的其它生物；相反的，如果二氧化碳不足，那麼即使最明亮的光線也無法促進植物的成長與茁壯。

將二氧化碳加入水族箱並非必要：水族箱裡的所有活物（如魚、過濾器細菌、乃至植物等）都會經由呼吸的過程釋放二氧化碳。然而，在水族箱裡這樣的二氧化碳不會太多，因此只能支持少數幾種植物或生長非常緩慢的植物。此外，由於植物行光合作的速度不會太快，因此光線應該是低強度的，而這會使得你無法種植許多需要高強度光線的植物品種。

本書所示範的水族箱已經有一層營養充分的植物基質。只要有良好的光線與二氧化碳，我們就可以創造一座長滿水草的水族箱，植物不但茂密、成長快速、且看起來非常漂亮。種滿植物的水族箱十分受歡迎，市面上因此推出了各種製造二氧化碳的產品，在其精密度、容易使用，或自動操作以及價格方面都不同。

在有光線的時候，植物只會利用二氧化碳，將之轉化成糖；如果沒有光線、而你又不斷加入二氧化碳，那麼水中二氧化碳的濃度就會累積，最後不但會導致水質的問題，也會嚴重破壞水族箱裡生物的生存。因此，只有當水族箱的光源打開時，你才可以加入二氧化碳。以下是兩個不同的方式：一，人工加入二氧化碳（在光源打開時）；二，投資一座自動操作系統──機器會將二氧化碳濃度保持在一定水平，而且只有在二氧化碳用完時才會再釋

二氧化碳的導入

此機種能夠在二十四小時內開始產生二氧化碳。在重新填入糖與混合酵母前，它可以維持長達六週的時間。重新啟動前的二十四小時中斷期，不會對水族箱造成任何損害。

將泵的啟動與光源的啟動設定在同一時間，以確保二氧化碳只會在燈光打開、且植物正積極地在進行光合作用時啟動。

酵母與糖液會製造出二氧化碳的氣體。

切記：
為預防斷電時的回流發生，請將機體放在高於水面的地方，或在輸送二氧化碳的矽管裡安裝一個閥門。

小型的電子水泵會製造水流，讓二氧化碳平均分佈。

矽管將二氧化碳氣體輸送至水族箱內。

溫和的氣泡水流湧入水中。

出。或者，在夜晚時打開氣泵做水流循環，如此水中的任何二氧化碳都會無害地逸入空氣中。不管你要如何使用二氧化碳，若想維持一座成功的水族箱，那就一定要仔細監控水中的二氧化碳與酸鹼值（兩者有密不可分的關係）的濃度，這是非常重要的事。

製造二氧化碳的方式有幾種，但關鍵是：二氧化碳必需緩慢且穩定地釋入水族箱內，以便氣體能夠完全溶解於水中，而不要讓它冒至水面上、消失於空氣裡。有一種陶瓷擴散器，上面有極細微的小孔，可以將小氣泡像霧般漫入水中，而這些小氣泡會在到達水面前溶解。使用一段時間後，擴散器的小孔可能會塞住，因此要經常清理。另一個方式是，你可以選

用一種二氧化碳「反應器」；它會迫使二氧化碳的氣泡沿著迷宮的路徑行走，而當氣泡通過迷宮時，二氧化碳的氣體便會溶解於水中。第三種可行的方式是，將二氧化碳的供應連接到內置的泵或過濾器的出口。當二氧化碳從泵噴出時，它便會被引入水中。最後一種方式是：可將二氧化碳釋入一個看起來有如往上翹起的杯狀容器中；當二氧化碳碰到水時，它便會慢慢溶解。總之，輸送二氧化碳的最佳方式端賴你想在水族箱中看到甚麼及二氧化碳要如何產生而定。

二氧化碳產生器

對水容量大到 100 公升（22 加侖）的小型水族箱而言，一支生物二氧化碳製造器就可

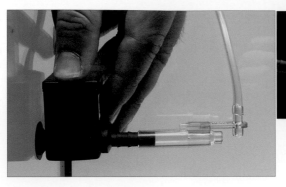

右圖：將泵安裝在過濾器對面的玻璃上，以促進水在水族箱裡的循環。由於這種二氧化碳釋放系統裝有加壓器，因此它的泵可以安裝在水族箱裡的任何深度，而不會減低二氧化碳的釋出量。

上圖：二氧化碳的氣泡從管子裡釋放出來。圖中所展示的只是原理，因為在實際情況裡，水流應該要和緩許多。

以廉價地解決二氧化碳添加的問題。在該種機器裡，酵母會在一個密封的容器裡與糖和水混合，而當酵母開始將糖變換成酒精時，發酵的過程便開始了。然後，二氧化碳會被擠出容器、沿著一條與水族箱連結的管子，最後透過水泵或擴散器的啟動被溶解於水中。此種方式的成本很低：酵母與糖的混合物可以買現成的小包裝，或自己動手將烘焙酵母與糖做混合。但請注意，由於這種混合物會不斷產出二氧化碳，因此需小心避免這種氣體在黑暗中聚積。然而，這個方式簡單又有效，也是我們在本書所示範的水族箱裡將使用的方法。

其他低技術含量的二氧化碳解決方案

對小型的水族箱來說，導入二氧化碳的選擇方案很多，包括液體、藥片及手動注射等。藥片與手動注射兩種其操作的原則一樣，都是使用一個安裝於水族箱內的小盒子，內含有從藥片溶出或從一個小罐子注射進來的二氧化碳氣體，而在盒子裡二氧化碳會自然地溶解於水中。為了增強此方式的效果，這個小盒子必需安裝在水流動的區域，例如靠近過濾器出水口處，如此二氧化碳才會與

流動的水接觸並且迅速溶解。此方法的好處在於：二氧化碳可以被控制，所以它只會在白天的時候出現。液體碳肥是一種較新的選擇，但現在市面上已有不少產品，且使用方式很簡單：每天將固定劑量的液體加入水族箱內即可。雖然這是給植物提供碳肥最簡易的方法，但比起使用二氧化碳氣體來，其效果較小。不過，對養魚人士來說，這方法提供了一個不錯的起點，未來可再慢慢進步到使用更佳的方案去。

二氧化碳注射系統

市面上售有一整套的器具，包括加壓氣瓶、一支控制氣體輸出量的調節器、一個很敏銳的螺線管閥門、以及一個輸送系統。一支氣瓶可以使用好幾個月，氣體用完後再換新或補充即可。最精密的整套設備包括一支微處理器，可以測量溶解於水中的二氧化碳濃度，並根據測量結果來調節二氧化碳的釋放量。較簡易的套組則要靠自己調節每分鐘的二氧化碳氣泡量來控制其釋放量。至於要釋放多少數量的氣泡，則有賴

右圖：要準確地測量二氧化碳的濃度是很困難的，但一支固定的指示器可以幫你預防嚴重的過多或過少的釋放量問題。

於水族箱的大小、種植之水草、水族箱中的水質等而定。建議一開始時可先遵照製造商的建議，然後再根據其內附的二氧化碳濃度指示器上所顯示的數字來做調節。注射系統的設計不但漂亮且效果好；而且，雖然這類設備最昂貴，但它們卻能提供給消費者另一個「即插即用」的選擇。

上圖：只要有足夠的光線、充足的養分、和適當的碳肥，你的水草就會長得健壯漂亮。

上圖：這是貼掛在水族箱外側的氣泡計數器。這類計數器可以讓你將水族箱內的設備隱藏起來，卻又能看見有多少二氧化碳進入水族箱內。

二氧化碳氣瓶施肥

氣瓶系統可以連結到一個計時器，如此二氧化碳就只有在光源打開時，才會被釋放出來。植物在晚上時不需要二氧化碳，因此晚上過量的二氧化碳可能會對水族箱造成傷害。

這個氣瓶含有壓縮二氧化碳，透過一個調節器在控制的速率下將氣體釋放出來。兩個刻度表中，一個顯示釋放率，另一個顯示氣瓶中氣體的壓力，由此反映出氣瓶中仍剩餘之氣體量。

水族箱的燈光是植物光合作用的能量來源。

當光源關閉時，這個閥門就會關上，以阻斷二氧化碳的釋放。

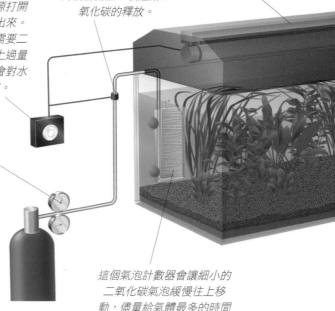

這個氣泡計數器會讓細小的二氧化碳氣泡緩慢往上移動，儘量給氣體最多的時間溶解到水裡去。

右圖：這類含有壓縮二氧化碳的氣瓶，最適合大型水族箱和長期的二氧化碳施肥。其所產生的氣體會被送入一個計數器內，然後與水保持很長的接觸時間。

連結裝置及閥門是標準設計，適合所有的系統。

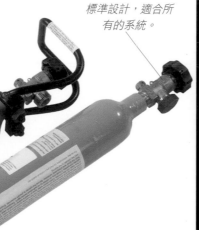

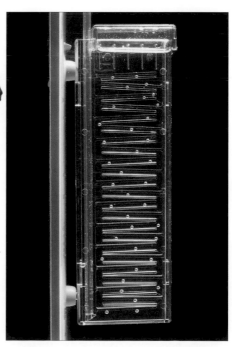

右圖：二氧化碳在這個擴散器的底部進入水族箱。在啟動約四十八小時後，氣泡一邊上升一邊將二氧化碳釋入水中，然後便會逐漸穩定下來並變得更小。

木頭的準備及置入

木頭和竹子都是非常受歡迎的水族箱裝飾品；它們可以模擬全世界各種不同棲息地的自然風貌。你應該在水族店裡選購木頭，這樣你才能買到適合水底景觀佈置用的材料。來路不明的木頭最好避免，因為它們不但很快就會腐壞，也會釋放出可能傷害到魚類和植物健康的化學物質。如果你對一塊木料有疑慮，你可以使用通常用來密封水泥池塘的透明塑膠漆將之密封起來。這類塑膠漆對魚類和植物都很安全，不但能預防任何有害物質滲出後融入水族箱裡，也可抑止木頭的腐壞。不過，你可能得上好幾層塑膠漆，才能將木頭完全密封。上漆前，請確定木頭是完全乾燥的。密封的過程可能會讓木頭看起來有點發亮，但這情形在一段時間後就會褪去，而木頭也就會顯出一種自然的風貌來。

水族箱用的木頭有各種尺寸、形狀、和顏色，而一家產品齊全的水族店會提供顧客廣泛的選擇。其中很受歡迎的一種木頭是取自石蘭科的灌木；這種灌木擁有細緻、形貌野趣的枝枒，且泡在水中很久也不會剝蝕。另一選擇是非洲紅木或長久埋在地下的木頭；這兩種的形狀都比石蘭科的灌木要來得結實。木頭在放進水族箱前，有時可能需要長達兩週的準備時間（請參閱下圖）。這麼長的時間不但可以將木頭中的丹寧酸完全浸滲出來，木頭也會因為被水完全滲透而能夠沉在水底。如果在準備後，你發現木頭仍然會浮起來，那麼以下幾個步驟會教你如何將它們固定在水底。

其中一個方式是：用一條細尼龍釣魚線將木頭綁在一塊隱藏的石頭上。或者，你也可用矽樹脂將木頭黏在一塊玻璃

上圖：將木頭上的泥土和污物刷乾淨。把木頭弄濕，以便將頑固的髒污清除。可使用一把小刷子以便刷進細微的縫隙裡。

上，然後再將玻璃埋進水族箱的砂礫裡；任何接觸點或面，都可以用植栽輕易地將之掩飾起來。

木頭放置好後，請退後幾步仔細觀看它，最好是從你平常欣賞水族箱的角度來端詳。這個動作能讓你評斷它是否看起來自然，以及你對它在整體佈局裡的位置是否感到滿意。

木頭泡了幾天水後，你會注意到水開始變色。請讓木頭繼續留在水桶裡浸泡。

當水的顏色看起來像濃茶時，便使用乾淨的自來水更換。如有需要，請盡可能重複這個換水的過程，以便將木頭裡絕大部分的丹寧酸滲出。

下圖：將木頭放進乾淨的水桶裡，水桶裡的水量要足以蓋住整塊木頭。如果木頭會浮起來，就想辦法把它壓下去。

你可能需要長達兩週的時間、更換幾次水後，水桶裡的水才會終於保持清澈。這時，你就可將這塊乾淨的、浸飽水的木頭放進水族箱裡。

有些木頭在浸泡過後仍會滲出單寧酸來，時間長達數個月。但這樣的變色已經沒有傷害力，並且可以靠過濾器中的碳將色素濾清。

木頭的準備

市面上可買到的木料種類很多，而不同的木料其準備的過程也不一樣。你可請教水族店裡的專家你所意欲購買的木料是否需要預先處理，尤其是浸水。木料需要浸水處理，其原因是木頭裡含有大量自然的腐植酸和單寧酸。如果你將木頭直接放進水族箱裡，這些天然的化學物質便會滲出，將水染成茶棕色。雖然這些化學物質沒有傷害，但多數養魚人士都喜歡把水族箱裡的水儘量保持清澈透明。

準備木料時，首先請將木頭上面的泥土灰塵徹底洗刷乾淨，然後把它放進水桶裡，並確定水桶裡的水能將之完全浸泡。靜待幾天的時間，讓單寧酸滲出來。如果木料會浮起來，只要用一個重物將之壓進水裡即可。木頭一旦浸飽了水，放進水族箱時，它才不會浮起來。水桶裡的水會逐漸變色，到最後變成濃茶的顏色。這時，把水倒掉，換上乾淨的水即可。

木料的種類

*右圖：*將木頭嵌入基質中。在本書所示範的水族箱裡，兩側各有一塊木頭。利用這些木頭將水族箱裡的設備巧妙地遮掩起來，並給加溫器和過濾器周圍留下一些空間。根據木頭的形狀設計適合它們的姿態，讓它們看起來就像樹根和殘幹或落下的枝枒的樣子。

*下圖：*產自美國的石蘭科木料愈來愈受到水族消費者的歡迎，因為它不會滲出單寧酸、汙染水族箱的水。不過，這種木料會浮起來，因此需要事先讓它浸飽水。

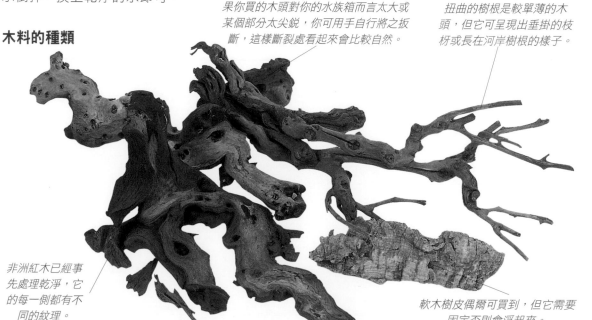

埋在地裡的木頭有各種形狀和尺寸。如果你買的木頭對你的水族箱而言太大或某個部分太尖銳，你可用手自行將之扳斷，這樣斷裂處看起來會比較自然。

扭曲的樹根是較單薄的木頭，但它可呈現出垂掛的枝枒或長在河岸樹根的樣子。

非洲紅木已經事先處理乾淨，它的每一側都有不同的紋理。

軟木樹皮偶爾可買到，但它需要固定否則會浮起來。

重複這個動作幾次直到水桶裡的水連續幾天保持乾淨清澈為止。這時，這塊木頭在水族箱裡就可以派上用場了。

雖然你已經將木料預先浸飽了水，但單寧酸仍會繼續滲出溶入水族箱裡，造成水的酸鹼值逐漸下降。這時，你可利用一套酸鹼質檢測工具來監控此問題（請參閱 94 頁）。只要規律保養，定期換水，就可以解決這個問題了。

竹子

在第 28 頁曾描述過木料的密封方法，此方法也適合另外兩種可用在水族箱裡的木料：竹子和軟木樹皮。竹子有奇特的形狀及紋理，是很漂亮的裝飾材料，能夠給很多種類的觀賞魚提供遮蔽處。你可在水族店或園藝中心買到各種直徑的竹子。為了將竹子固定在水底，你需要將它綁在一塊玻璃上。你可先用矽樹脂密封膠將它們黏住。矽樹脂乾燥後很堅固且不起化學作用，因此不會傷害到魚類和水草。

樹脂澆鑄模型

你也可選購模仿木頭形狀的樹脂澆鑄模型。它們不需要準備的過程、保證會沉在水底、且絕對不會影響水質。但另一方面，它們的形狀有限，不像天然的木頭具有多采多姿的風貌，而且價格也比木料昂貴些。

右圖：這塊柚木的形狀及其粗糙的紋理令人聯想到落下的樹枝。木頭自然形成的「洞穴」是魚兒們最喜歡的藏身處。切記：要將所有的裝飾物都固定好以預防崩塌的風險，以免對水族箱及其居民造成傷害。

水底景觀

佈置一幅水底景觀，或「水風景」，是一個有趣又激發靈感的機會，藉此你可創造出自己的水底世界。此過程有多種可能性，你可隨心所欲地創造出自己喜歡的效果。然而，如果需要一些啟發，你可從欣賞水族店的展示、閱讀觀賞魚飼養的雜誌、或瀏覽網路上的訊息開始。如果你想要創造一個主題水族箱，例如林蔭茂密的亞馬遜河流，那麼許多書籍及雜誌也都附有仿自然棲息地、已佈置好水草與魚兒的水族箱實景照片可供參考。這類雜誌及書籍還會指導你有關其它適當的裝飾品，例如木料、石塊、以及基質等方面的訊息。通常，最成功的水底景觀都是限定在某種特別的裝置趣味上，也就是某一種木料或石頭，再加上一兩樣大膽的材料來襯托水草，而非堆積多種裝飾品而已。當然，最終還是要依個人品味

上圖：竹子若不經處理，就會在水族箱裡腐爛、釋放出可能造成藻類或菌類大量生長的有機元素。務必讓竹子完全乾燥後，再用水族專用的密合膠將之密封。

下圖：巨大的竹子切成不同長度、再填入石塊使其固定、並放置在茂密的植物中間，成為了這個水族設計裡最吸引人目光的裝飾品之一。

而定。

在把裝飾品放入水族箱前，建議你先將佈置草圖繪下來。首先，將所有基本設備整合起來：泵、管路、加溫器、過濾器等。當你從正面觀賞水族箱時，這些設施最好都能被掩藏起來，換言之，你得根據此原則給它們恰當的位置。下面有一個成熟的技術可供遵循，那就是構圖上的「三分法」。

三分構圖法（又稱「井字構圖法」）

幾百年來，藝術家及攝影家們都知道，將焦點置於構圖的正中心，其效果最無趣。相反的，如果把焦點放置在某一側，就能給構圖帶來生機與活力。此法則也適用於水族景觀的設計。但是，水族箱裡的焦點應該放在哪裡呢？請想像一下：將水族箱的空間橫三條豎三條簡單地畫出一個井字；最好的焦點位置就在這三條線的交叉點上。你可在其中某個交叉點放置一件有趣的木料或一塊嶙峋的石頭。然而，除了很大型的水族箱外，最好只有一個焦點再加上一個次要的襯托物件

（如較小的石塊）就好。你可以在水族箱外先試著做佈置，看看你準備的裝飾品如何互相搭配；當然你也可以直接就在水族箱裡佈置。切記：決定焦點物件時，一定要選擇最大的那件。

荷蘭風與和風

水族箱的佈置風格，基本上有兩個派別。荷蘭風（以其源頭命名）是最古老的風格；它排除了所有的裝飾品以便塞入較多的植物。植栽的佈置成區塊狀，就像花園中的花壇設計，而且，跟花壇一樣，植物也呈現多變化的風貌。和式風格則較侷限；它僅運用一兩塊細心選擇的石頭，佈局巧妙，植物的種類也較少。和風的效果通常仿似一個小小世界，而魚兒們悠游在水草之間。在表現上，此兩種風格都很特別，因此多數人都會根據自己的喜好從中各取材一點。

不管你選擇哪一種風格，請記住，石礫坡要前面低後面高。如此，垃圾才會逐漸地往下滾到水族箱的前側，方便你看見並將之清除。

創造寫實的景觀

* 岩層的排列必需同一個方向。垂直的岩層看起來不自然，水平的岩層可能會讓景觀顯得扁平，但對角線的佈置就相當好。

* 所有的裝飾物都要穩固，不能有浮起來的風險。避免創造不平衡的架構，也不可將笨重的石塊靠在水族箱的玻璃上。

* 可利用水族箱最大的高度。最理想的是，裝飾品應該填滿水族箱的高度：徹底利用所有的空間可以創造出一種整體性的趣味。

* 低矮的木頭或石塊可做為基質的堤，或水草生長區的邊界。

* 利用裝飾品將水族箱內的設備掩藏起來。

* 避免將所有裝飾品堆積在水族箱的中央；這樣的效果會讓它們最後看起來只像一堆石頭！

* 仔細檢查你的佈置是否會出現「死角」，讓你看不見魚糧或垃圾的堆積。例如，你不可能檢查三塊石頭的交叉點或清除堆積在那裡的垃圾。

* 留白是件好事！它表示植物有生長的空間、魚兒有穿梭游動的區域、以及在你品味所有其它細節前，眼睛有個投注的地方。

基本構圖

在每一個設備的位置上做記號。這裡是要安裝連接二氧化碳施肥機的水泵。

將你想要擺設的石塊的位置描繪下來。

這裡是安裝過濾器及恆溫器的位置，要預留固定保養它們時所需的空間。

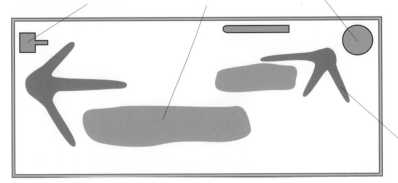

把木頭的位置記下來，並給魚兒留下開放的游泳空間。

放入石頭

水族店售有各種各類的石料，但並不是所有種類都適合本書所要示範的淡水熱帶水族箱中的生物。如同基質，水族專用的石料其基本條件就是：它們必需是不會影響水質的惰性材質。理想的石頭種類包括玄武岩、燧石、板岩、砂岩、石英、及火山岩等。不適合的材質則包括石灰岩、大理石、和白堊等。請務必避開那些含有石灰質的石頭，因為它們會釋放出鈣鹽而不斷提高水族箱中水的酸鹼值。

切勿從野外撿石頭回來當作水族箱中的裝飾品，因為你可能無法辨識它們的種類；而且，同理，它們也可能改變水族箱中的水質（請參閱 34 頁）。下面是一些適合的石料。

大卵石和小卵石是水族箱裡最棒的添加石材。它們有一種自然的河床風貌，在創造前景區的結構差異時，是最理想的選擇。它們也可做為兩種活力十足的前景區植物如矮珍珠和針葉皇冠之間的分界。

火山岩使用時可選擇大塊的，它們能讓水族箱呈現出完全不同的風格。你可利用這種石料建構出一個適合多種植物（例如細葉蕨類、中榕、小榕、單月苔等）生長的背景。這些植物的根部可以輕易地附著在火山岩開放多孔的紋理裡。在將之放入水族箱前，請先用手仔細觸摸其表面，檢查是否有可能會傷害到魚兒的任何尖銳處。若水族箱運作後再想將

之移除便會變得很困難，因此現在就先用一把槌子將那些尖銳處敲掉吧。

木炭是一種較不尋常的裝飾材料，但看起來效果非常好。使用前，請先將之徹底洗乾淨。如果它會弄髒你的水族箱，也許你寧願考慮其它選擇。

威斯摩蘭石的外觀很美麗，是水族佈置裡的重磅武器，雖然價格不便宜。這種石頭呈紅棕色，有鮮明的條紋，用在水質微鹹的水族箱裡時，十分的吸引人。

板岩很容易取得，而且看起來很漂亮。你可以選購一塊扁平、紫灰色的板岩給自己的水族箱創造

石頭的種類

威斯摩蘭石擁有迷人的紅棕色以及漂亮的條紋。

花崗岩有著奇特的閃閃發光的質地，使用一段時間後會顯得更自然好看。

板岩可供選擇的尺寸與形狀很多。擺放這種笨重的石頭時，動作要小心。

此種大圓石能在水族景觀的設計裡產生很大的震撼效果。對吃水藻的魚類而言，其表面是最佳的覓食地點。

可供選購的石料碎片種類很多。這些是板岩的碎片。

火山岩的碎片可做為一種特別的基質。

創造深色的外觀時，洗乾淨的木炭是一個很好的選擇。

創造河床的樣貌時，小鵝卵石是最理想的材質。

出別具趣味的特色，例如自然的洞穴。將一塊板岩放在基質上，其下留出一些小空間；只要有一點點挖掘本能的魚，就會將基質弄出牠們所需的樣貌來。

花崗岩、燧石、和沙岩都是可用在水族箱裡的惰性石材。你可混合大石塊和小碎片來創造特殊效果。如果你造訪的水族店裡石料的選擇太少，那麼你可試著到景觀中心尋找。除

了水族店外，那裡是唯一能知道你所購買的是甚麼石料的地方。

人造裝飾物

最後，請勿忽視現在已很普遍的各種人造裝飾物。現代化的產品看起來很逼真，因為它們的模型都是取自真的木頭或石塊。其上色的技術也很先進，你可運用這些商品建構出一個相當逼真的背景。許多產品甚至是專為掩飾水族箱內的某種設備而研發的。

上圖：各別而言，這些大卵石、小卵石、石子等，都是佈置水族箱時很棒的材料，但擺放在一起時，它們對觀賞者會產生更大的衝擊力。

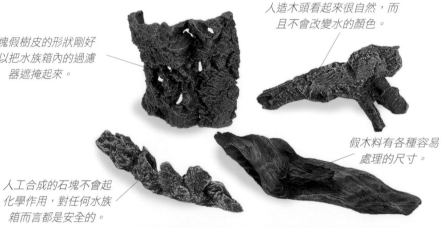

這塊假樹皮的形狀剛好可以把水族箱內的過濾器遮掩起來。

人造木頭看起來很自然，而且不會改變水的顏色。

下圖：將人造裝飾物與真的石塊及水草等混搭在一起，讓它們看起來更寫實。在這張圖示裡，大石頭、小石塊、和鵝卵石是真的，但「木頭」是假的。

人工合成的石塊不會起化學作用，對任何水族箱而言都是安全的。

假木料有各種容易處理的尺寸。

石頭的選擇及運用

選擇石頭時，要慢慢檢視並試著把幾塊石頭放在一起，看看它們是否彼此搭配。如果你選的石塊有著明顯的岩層，那麼佈置的黃金守則就是：所有的線條必需沿著同一個方向。只要恰當地佈置石頭，就能讓你的水族箱顯出自然的河床或湖床的風貌。如同木頭，石塊也可以用來界定水族箱裡的不同領域，在水草之間形成一個自然的分野。

假如你不確定某一塊石頭是否能用在水族箱裡，那麼應用一個簡單的醋測試就能讓你安心。只要將幾滴麥芽醋淋在那塊石頭清洗乾淨的表面即可：如果醋開始冒氣泡，那就是醋酸和石塊的鈣質起化學作用的結果。

石料的準備

把石頭放進水族箱之前，請先將它們身上的灰塵及垃圾等刷洗乾淨。潔淨、潮濕的石頭會在水族箱的光源下顯露其本色。骯髒的石頭在水底看起來就不恰當；因為在自然的水世界裡，它應該早就經過多年的沖洗。此外，石頭上的灰塵也會讓水質變的混濁，破壞整體之效果。

測試石頭之適當性

要測試一塊石頭是否可能影響水質，只要在石頭上淋一些酸性物質（例如醋）即可。如果石頭裡含有任何鈣質，它就會開始輕輕地冒泡。如果沒有冒泡泡，那麼那塊石頭就可安全地用在水族箱裡。當酸被淋在鹼性石頭上時，你可能就需要小心檢查那塊會冒出泡泡的石頭。

下圖：石頭不僅骯髒、覆滿塵埃，也可能長有苔癬和地衣，會把水質搞壞了。因此在放進水族箱前，要先將它們徹底地刷洗乾淨。

刷洗石頭時，你可能覺得戴上橡皮手套比較好。

一把硬毛小刷子就可以刷透所有的隙縫。

在乾淨的水裡刷洗石頭。如果你是在室內進行，那麼在水桶上方刷洗可以避免把水灑得地板到處都是。

低壓二氧化碳施肥系統

上圖：決定好放置石頭的位置。如果你要按照畫在紙上的草圖，那麼在進行佈置時要記得時時參閱計畫圖。當你覺得滿意時，就把石頭放到預定的位置。千萬不要讓石頭靠在玻璃上或直接把石頭放在底部玻璃上。小石礫會被壓進玻璃、造成玻璃的破裂。也不要將石頭疊成一堆，因為其中的空隙會藏污納垢，不易清除。

清洗過的石塊　　　　　　　加熱恆溫器

裝在水族箱內的
動力過濾器

左圖：高大的石頭很好用，可將難看的設備遮掩起來。小心地將笨重的石塊放進水族箱裡，以免傷害到玻璃。要確定石塊放好後的穩固及安全。

水的處理與注入

只有當你把所有的水族設備安裝妥當以及對石頭、木頭、及其它裝飾品等的佈置感到滿意後，你才能開始把水注入水族箱內。但這時，還不是把植物放進去的時候，因為多數水草都需要水的支撐才能站立，再者，注水的過程多少也會影響到植栽的位置。

調節水質

在本書第 90 頁的地方我們將討論到調節水質的問題。只要事先經過一種專利水質調節劑的處理、將其中會傷害植物與魚類的化學物質移除後，自來水就很適合用在水族箱裡。另外還有一種含有有益菌的產品則能啟動水族箱裡的生物循環。只要遵照廠商的建議，將適量的液體水質調節劑加入你準備要倒進水族箱裡的第一桶自來水即可。

最後檢查

在把水倒進水族箱前，請確認水族箱沒有在第一階段的佈置過程中遭到任何輕微的移動。突出基座的水族箱，即便只是一點點，也是難看又危險，而且當水族箱加滿水後，那個情況就不可能再矯正。請再次檢查水族箱的擺放是平穩的，而且你對截至目前為止的佈置很滿意。一旦開始倒水後，水族箱就不可能再移動了。將水倒進水族箱是一件可能會把自己弄得很狼狽的事，因此你的手邊最好準備一條毛巾以便隨時擦拭身上被濺到的水。

下圖：將調節過的水小心地從水桶裡倒在放在水族箱裡的一個盤子、扁平的石塊、或甚至一個塑膠袋上面，以避免水噴濺出來。你也可以先用一個較小的塑膠罐子來倒水，當水位開始上升時，再換成較大的水桶。

測量水族箱之容量

只要用一個知道其容量的水桶來給水族箱加水，便可以讓你精準地測量出水族箱的容量。雖然要將一座長方形的水族箱的容量測量出來很容易，但你卻無法估算石礫、裝飾物、及設備等可能佔去的體積。你可利用一個水桶，精準地測出水族箱的容量來。當水族箱裡的水大約三分之二滿時，請先將此時的水容量記錄下來。確切掌握水族箱的容量，是一件很重要的事，因為在未來某天你也許會為了治療病魚而必需根據水族箱的水量來決定藥物添加的劑量。精準的劑量至關重要；劑量過低可能殺死不了病菌，而劑量過高則可能直接害死了魚。

上圖：使用自來水調節劑將自來水中的化學物質中和掉，是一個迅速可靠的方法。經過調節的水，就可以安全地用在水族箱裡了。

上圖：倒水時，請先將水族箱的蓋子移開。將倒進去的水量記錄下來，以備將來需要時參考。

下圖：繼續加水直到水族箱半滿或三分之二滿時。要確定加熱器與過濾器的吸入口完全浸在水裡。先讓過濾器運作一整夜，如此既可給水加熱，亦可將水濾清。水剛倒好時，水質肯定是很混濁的。

將水加到這個高度就好，如此，當你種植水草時，就可降低水溢出水族箱的風險。

將水倒入水族箱

倒水時，請小心，免得攪亂已經仔細清洗過的石礫以及植栽用的基質層。為了避免倒水時水量太大噴濺出來，可在石礫上放置一個盤子或鋪一個厚實的塑膠袋，再慢慢地將水倒在盤子或塑膠袋上。這麼做，既可讓水平均散佈，也可減少對佈置的干擾。

一開始，只要將水加至水族箱的一半滿即可。如此，當你將手放進水族箱裡種植水草時，水才有足夠流動及升高的空間。半滿的水已足以支撐你種下去的植物。

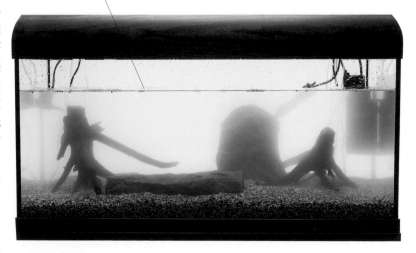

準備水族箱裡的植栽

現在，水族箱的基本輪廓已經到位，接下來你就可以享受水景佈置的最後階段了。經過一夜後，過濾器應該已經將混濁的水滌清，而加溫器也已將水加溫到你所設定的溫度。其成果就是：水族箱現在已經有了乾淨、舒適的環境，讓你可以完成水草種植的過程了。

在進行植栽前，最好先回到你的基本佈置圖，然後把植物要栽種的地方草繪下來（請參閱本書第 40 頁）。切記：要把植物留在買回來時的袋子裡，栽種時再拿出來，如此，它們才能留在一個潮濕的環境裡，不會乾燥枯萎──在溫暖的室內，那是很容易發生的事。你可一株一株地將它們拿出來栽種，不用一下子就將它們全部暴露在乾燥的空氣中太久。請從背景區的植物開時栽種，然後再逐步地往前景區完成所有植物的陳列。

以下是幾個開始種植前的提示。請穿短袖的衣服，因為你的手要常常放進水族箱裡。備一條毛巾在手邊：由於你的手臂不斷地進出水族箱，你可能會弄得到處都是水跡、濺濕你的地毯。如果你有敏感性皮膚的問題，建議你戴上一雙橡皮手套，以預防手臂因泡水太久而出現皮膚過敏的狀況。最後，記得在旁邊準備一個垃圾桶，以便可以將包裝紙袋、裝植物的籃子、以及不要的葉子等，隨手放進去。

當第一天結束時，雖然整體面貌尚不成熟，但你的水族箱應該已經完成基本的景觀佈置了。

經過二十四小時後，水質就會逐漸穩定澄澈，而水族箱此時也準備好可以放進植物了。在本章後段，你將會看到很多種可栽種在水族箱裡不同區域的植物。

選擇植物

面對各種植物時,第一個考量一定是水族箱的尺寸以及你所意欲創造的水底風貌。雖然你可能特別喜愛某種植物,但如果它在半年內就會過度成長、超過水族箱的容納量,那麼你就沒必要將它涵括在你的選擇裡。有些水族箱僅運用少量植物以及很多石頭和枯木來呈現一種「地質面貌」,而另一些則完全種滿植物、葉片間毫無其它裝飾,但兩種不同的風格卻可能看起來同樣奪目。換言之,不同的佈置,其所造成的效果可能一樣棒。也或許,你想重塑一種自然棲息地的面貌,例如亞洲的流域,於是僅採用在野外被發現共居一處的植物與魚。通常,將同類幾株植物種在一起時,看起來比較吸引人;因此,建議你購買少數幾個種類、但每一種類若干株,而不要買太多種類、每一種類卻只有一株。

此外,也要考量水族箱的運作方式:你會加入二氧化碳嗎?它的光源有多亮?有些植物需要這兩者才能生長。你可請教水族店裡的專家,他們會跟你建議哪些植物最適合在你的水族箱裡蓬勃成長。

做計畫

在第 39 頁,我們提過最好做個計劃,將主要的設備、裝飾品等應該擺設的位置事先描繪。同樣理念也可應用在水草種植,如同設計花圃般。當那些「硬風景」一一擺好後,你就可看出水族箱裡還有多少空間留給植物、而種植的區域又該分配在何處了。

製作草圖時,你可將水族箱分前景區、中景區、和背景區來設計。但這並不表示你得嚴格地劃出界線,只在那些範圍內做植栽。這樣的計畫,在如何設計植物的陳列上非常好用。為達到自然的層次分明的效果,請從最前到最後面來想像你的植物:將最矮的植物放在前景區的中央,最高的植物種在最後面。當然,你不需要嚴格遵守這個原則,因為大自然也不都是如此這般的。一、兩株長在中景區的高植物,會讓你好奇它後面藏著甚麼,而你也可以享受觀賞魚兒在植物之間穿梭游動的樂趣。總之,最後的陳列看起來應該是有層次、且自然的,而不是像呆板的花圃般條理分明。你的計畫要靈活、有彈性,也要確定每株植物都有足以令其成長茁壯的空間。如果一開始你的植物陳列就很擁擠,那麼最後它們會長得超出水族箱的空間,而較弱的植物就會死

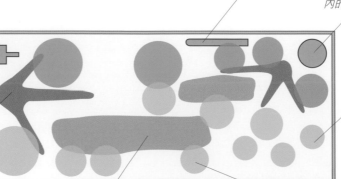

右圖:購買新植物時,每一株都應該包裝在打滿空氣的塑膠袋裡,以防運送過程被壓壞。袋子裡不需裝水;將袋子口綁緊就足以保持它的濕氣了。

水族箱的植栽計畫圖

背景區

中景區

前景區

二氧化碳系統的水泵

將任何擺放木頭的位置標記下來

加熱恆溫器

安裝在水族箱內的過濾器

最好的效果是將同一種植物三或四株地種在一起,而不是將各種各類的植物隨處種一株。

將最大的石頭的擺放位置描繪下來

運用簡單的圖形及顏色來代表主要種植區的植物

選購健康的植物

品質優良的植物會很快紮根並長出強壯的新葉子來。選購前請仔細檢查,切莫買回品質不佳的植株。

上圖:在小規模的水族店購買植物時,你可以慢慢選出自己所要的植株並仔細檢查它們的品質。然而,小店的選擇性可能不多;你也許得走訪幾家店才能買全自己所想要的。

左圖:沒有破損的葉片、根莖強壯、且小嫩葉從籃子底部伸展出來──這些都足以顯示這是一株強壯健康的植物。

右圖:不要購買葉片破損、葉色發黃的植物;它們很快就會在水族箱裡死掉。葉片發黃(尤其在靠近葉片邊緣的地方)顯示此植株營養不良。

上圖:郵購的植物在運送時一定要裝在塑膠盒子裡。如圖所示:每一株植物都單獨包裝,放在塑膠盒裡後,再用幾層泡沫膠將之包裹起來。

掉。請參閱從第 52 頁開始與水草種植有關的章節,你會找到每株植物應該擁有多少空間的相關資訊。當你對這方面有基本瞭解,就可以開始為那三塊主要種植區選擇適當的植物。

選購植物

你不需同時就將所有想要栽種的植物買回來,但你若能一次就完成水族箱裡的植栽,那麼你的水族箱的水草展示看起來就會更完

左圖:將植物拿出後,使用前先不要將包裝拆開。仔細比對你所選購的植物。建議多買幾株,以彌補運送過程中可能發生的折損。

整些。

多數有點規模的水族店都會有各種各類的熱帶水生植物供消費者選購,而且它們都會放在清澈透明、容易觀賞的水箱裡。對每一種植物,店家都會提供其成熟時的高度、葉片伸展所需的空間、價格等相關資訊、以及在水族箱裡最適合栽種的位置:前景區、背景區、中景區,等等相關知識。如果某種植物需要哪些特別的照顧,他們應該也都會在説明裡標示清楚。

一開始,最好選購強壯、健康的植物。嬌弱或生病的貨品不太可能會完全康復、也可能會死亡、或看起來根本就不漂亮。一定要選購很明顯剛茁壯起來的種類,而且要避免那些葉片破損、葉面有黑點、或葉子發黃的植株。

多數植物都是盆栽或幾株以鉛繩綁在一起出售。鉛繩的重量會確保植物沉在水裡,並且漂亮地展示在水族店裡。選購幾株綁在一起的植物時,要仔細檢查。切勿購買葉片受損的植株,因為那可能會需要很多時間才能復元。

至於盆栽植物,你通常可以看到嫩葉從旁邊的洞孔冒出來——植物健康狀況極佳的現象。如果根有露出來,它們應該是白色且健康的。選購種在基質裡的植物,也要仔細檢查它們的根。當你選購完畢,店家應該將植物放在打滿空氣的塑膠袋裡,以防攜帶過程壓壞它們。優良店家會小心包裝你的植物;如果包裝時因動作粗魯導致某株植物受傷,你應該拒絕購買。

回家後,請儘快將植物種進水族箱裡。如果你的水族箱才剛佈置好,請務必確定水溫至少是攝氏25度,否則溫度的衝擊會傷害到你的植物。

郵購的植物

網路上有各種植物的供應商,其中許多家還會在水族雜誌上刊登廣告。如果可能,你可向其它水族愛好者請教,或自己閱讀雜誌裡的報告,檢視各家公司的服務狀態及其所出售的植物之品質。網上購買的最大好處是:優良的供應商多半是專家;他們會給每種植物標示完整的説明及其所需的照顧方式。通常,他們會整理出某種整體性的狀況,例如「需要充足光線」、「會形成地毯」、或「葉片呈紅色」等。但網上選購也有風險:你看不到你意欲購買的植物樣本;信用較差的供應商甚至會賣給你發育不良或根莖不強壯的植株(雖然在今日,這樣的公司已經很少有了)。請務必注意每家公司的售後政策,如

準備皇冠草

圖中所示的健康植株叫做「特紅皇冠草」。它的根長得很健壯,從盆子底部的石綿介質中伸展出來——這是好現象。請保留從盆子上移除的標籤説明,以備將來參考所需。

從剪掉塑膠容器開始。如果需要,將盆子的側面分幾處剪開,如此你便可在不傷害植物的狀況下,輕易將盆子移除。

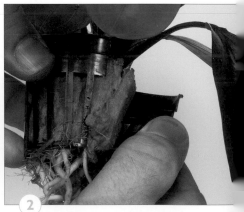

小心地將盆子剝離後露出植物根部所附著的石棉介質。有時,你只要擠壓盆子就可將植物輕輕地脱離出來。

果你收到植物後不滿意，才有客訴的機會。下單選購時，要確定貨物送達那天你會在家，且水族箱也已經準備好了。將植物留在包裝袋裡一天或整個週末，會讓植物元氣大傷，之後需要很長時間才能復原。當植物送達時，它們應該是仔細地包裝在塑膠袋子裡，旁邊塞著隔離材料，而且是裝在堅固的盒子裡受到良好的保護。在放進水族箱前，請勿太早將植物拆裝出來，因為暴露在空氣中會讓它們很快乾枯。

栽種前的準備

栽種前，完善的準備工作能確保植物有一個良好的成長開始，並且能持續茁壯。

盆栽第一項工作便是將植物從塑膠容器裡取出來。如果用力擠壓仍無法讓植物從盆裡脫出的話，那麼就將盆子剪開、將之與植物的根部結構分離。需要的話，乾脆將盆子剪成碎片，如此方便植物移出。處理時動作要非常小心，以免傷害到植物細嫩的根與莖。

盆栽的價格較便宜，但植株本身也可能尚未長得很健壯，因此需要較長的時間來呈現陳列的效果。多數盆栽都長在石綿的介質裡，從發株起就靠它來吸收營養。然而，一旦種進水族箱，它們便會從基質以及固定的施肥系統裡來吸收其所需的全部養分。在將它們種下去前，請盡可能將所有的石棉從植物的根部移除。剝離時要非常小心。如果有些殘餘的部分不易清除，那就別管它，反正它們遲早都會埋進水族箱裡；為了移除某一小塊石綿而不慎傷到植物，那可划不來。

將盆子與石綿移除後，請先將植物做一番詳細檢查。健康的根應該是白色且強壯的。若有不小心被傷害的部分，要用一把銳利的剪刀將之剪除。如果留著不剪除，它們最後會死掉並在基質裡腐爛。將那些

準備矮珍珠

矮珍珠是一種前景區常用的小水草，最高只長到 *2-3* 公分（*0.8-1.2* 吋）。這種植物很嬌嫩，處理時要非常小心。

在不傷害植物的前提下，將石綿盡量移除。如果太困難了，只要露出最下面的根部即可，石綿的其它部分可不理會。

3 *將石綿介質儘量剝除，小心不要傷到植物的根。這需要一點技巧，因此，別著急。*

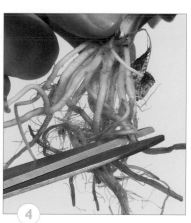

4 *如果根太長，可用一把銳利的剪刀修剪，這樣你在栽種時，才能將它們伸展開。但種成一束的植物其根部不可修剪。*

5 *仔細檢查植物，將老葉或破損的葉片剪掉。要確定葉子上面沒有附著任何蝸牛或蝸牛卵的痕跡。葉子上若有看起來一顆顆像小果凍的東西，那就是蝸牛卵*

不在最佳狀態或運送過程中不慎遭到傷害的葉片亦剪掉。發黃或已有爛洞的葉片,也要剪除。切記:一定要用一把銳利的剪刀或小刀,以確保乾淨俐落地切割。

成束的植物綑綁植物用的鉛繩,在一般室內水族箱裡派不上用場,因此要將它們小心地拆下來後丟掉。你可將它們還給水族店,做重複使用,以避免因隨意丟棄而汙染環境。將葉片較大的植物從幾束植物中挑出來、再將它們種在一起。葉小、莖長的植物適合幾株種在一起,那樣看起來比較漂亮。

栽種
將植物種到水族箱裡時,需要一點技巧。你若已有一些經驗,那麼最簡單的方法就是同時使用雙手。用一隻手握住植物的尾端,手指小心地護住葉片,然後用另一隻手在石礫上挖出一個洞,再把植物輕輕地塞進洞裡。根部要塞進營養層裡,而莖葉則露在基質層的上面。接著將剛剛挖出來的基質填回去。儘量不要大範圍攪動基質,因為那樣會影響到營養層。栽種時,速度要快,因為在水底下所挖出來的洞,會很快就被填平了。

可能的話,學習用一隻手進行栽種。跟上述一樣,用一隻手握住植物,再用一兩根手指頭挖洞,然後直接將植物塞進去並回填石礫。

右圖:栽種的步伐逐漸移往背景區的中間。接下來要種下去的是「特紅皇冠草」;這個品種長得相當快,容易照顧,是水族箱植栽的上選。

下圖:按照 42-43 頁所描述的方法準備每一株植物。從水族箱的背景區開始種起。這是兩株皇冠草中的其中一株,我們會將它種在水族箱的左後方。

栽種時要小心,不要移動到已經放置好的硬體物件。

左圖：在水族箱右後方的角落種下「火焰皇冠草」後，便完成了背景區的植栽。現在，走到水族箱前面觀賞一下，看看自己對植物種下去的位置是否滿意。

下圖：要確保每一株植物的根都種進了基質裡的營養層，以便它們能獲得最充足的養分。雖說我們應該輕柔地對待植物，但卻一定要堅定地將它們塞進基質裡去，免得日後發生傾斜。

當你決定植物栽種的位置時，要確認那位置看起來與你之前所想像的大致吻合，否則，重複栽種不但會傷害植物，也會延長其安頓的時間。

切記：如果某片奇怪的葉子看起來與環境不相稱，過幾天等它對新的光源產生反應後，它便會改變位置。

背景區的植栽

按照你所做的計畫，從水族箱背景區的其中一邊往另一邊逐步種過去。我們給本書所示範的水族箱選擇了三種「亞馬遜劍草」做為背景區的植栽。第一種是「皇冠草」。這是一種葉片大、顏色鮮綠的品種；等它們長大後，它們便會佔滿水族箱的左後方，將二氧化碳泵遮掩起來。只要兩株皇冠草就可形成不錯的結構，既

能讓水族箱的邊緣變得柔和，也能幫助石塊融入整體的景觀設計裡。

背景區的中間通常是某種植栽的關鍵位置。這裡我們所選用的是「火焰皇冠草」；這個品種有著紅綠兩色對照的葉子，能創造出一個超棒的背景來。

準備椒草

水族箱的右後方已經被一塊聳立的大石頭、加熱恆溫器、及內置的過濾器佔據了。雖然給設備的周邊預留空間很重要，但也不需阻止那些大葉植物的成長。因為將來，當你從水族箱前面觀賞水草的整體陳列時，那些葉子就會有效地遮掩住所有的硬體設備。另外三株體型較小的亞馬遜劍草 —— 美麗的「火焰皇冠草」—— 則以 L 型種在水族箱的右後方角落，它們將會茁壯長成一大簇。

中景區的植栽

我們所選的中景區植物是一種叫做「溫蒂椒草」的熱帶植物。其紅綠摻雜的葉色會跟背景區的亞馬遜劍草混在一起，但自身又絕對醒目，因為此品種長大後只有亞馬遜劍草的一半高。椒草會在中景區形成一片簇子，從左到右約佔水族箱中景區三分之二的寬度，在其左側靠近木頭處以及整體陳列的後方都給魚兒留有游動空間。記住，要給植物留下足夠成長空間，免得將來太擁擠。在這裡，三叢熱帶溫蒂椒草彼此之

「熱帶溫蒂椒草」有著深綠色、紋理漂亮的葉片。只要將幾株種在一起，它們就會在中景區形成一叢美麗的植栽。

①

栽種前，先將椒草從盆子裡取出，把根部所附著的石棉剝乾淨，再以一把銳利的剪刀將發黃或破損的葉片修剪掉。

②

這株椒草及另外兩株，已經整理好可以種到中景區了。椒草是最常見的水生植物之一，很容易購得。為了預防植物爛掉的風險，請避免水族箱裡光線與水溫的過度波動。

右圖：用三根手指握住椒草，然後在基質挖洞，其深度要足以將整個植物的根部塞進去。

上圖：將植物輕輕塞進基質裡，要確定根部有接觸到營養層。請練習用一隻手栽種，如此，可盡量不干擾到已經種好的其他植物。

上圖：植物種好後，將其根部附近的基質回填、壓實以使其穩固，就如同將之種進土裡一般。栽種另外兩株椒草時，請重複同樣的步驟。

上圖：你可能會發現，你需要在植物周圍添加一些額外的基質。將補充的基質輕輕地撒進水族箱裡。植株之間要留有足夠的空間，以備它們將來的成長與伸展。

間相隔約 10 公分（4 吋）。每三、五株種成一叢，看起來比較自然。當然，椒草的種類還很多，其他中景區植物的選擇也不少（請參閱 60-73 頁）。

前景區的植栽

為了完成這個水族景觀的所有植栽，我們還需要一些前景區的植物。在這個示範裡，我們選了四種非常不同的品種，每一種都有其獨特的面貌。在左側，我們用了「水蓑衣」；這是一種身形挺立的植物，會長高到水面去，因此需要經常修剪，以免影響水族箱整體陳列並遮住了其它前景區植物的光線。

種在前景區中間的則有兩個品種。第一種是珍珠草；這是一種葉片茂密且細緻的水草，最高可長到 15 公分（6 吋），

因此也需要經常修剪，如此才能讓它們往水族箱的前側蔓延、而不會一直往光源處攀長。將兩株珍珠草種在一起，它們便會往水族箱前側長成一片。

中間靠右的地方是一些單月苔。這個又稱之為「地錢」的植物會給前景區的水草景觀增添另一種葉片的紋理。跟多數地錢類的植物一樣，我們所選擇的這一種，其根部也不會鑽進基質裡，而是靠一個網子附著在一顆石頭或一種特製的植栽用石塊上。只要將之放在基質上，這種植物就會很快佈

滿整顆石頭和網子。其效果看起來就好像一種牢牢且自然地長在基質上的植物。

不用多久，前景區右側的地方就會被一些翠綠色的矮珍珠如地毯般地覆蓋。只要三株這種低矮、圓葉狀的植物就會填滿植物之間的空處。我們會給它們留下生長的空間，但這種較具侵入性的植物的生長也需要控制。

種在一起的這四種植物，應該很快就能創造出一個有趣的前景區景觀來，讓魚兒不但有足夠的游動空間，必要時也有躲藏之處。

*下圖：*在基質上挖洞、然後把水蓑衣種進去。將植物底部周圍的基質往上掏。這是從水族箱前方所拍攝的實景。

*下圖：*我們在左側角落，就在皇冠草前面，所選種的植物是水蓑衣。此圖所展示的是水蓑衣正被栽種下去的情景。

種植矮珍珠

① 前景區靠右側的地方種了三株矮珍珠。只要給予足夠的光線,這種植物就會在基質上鋪出一整塊茂密的地毯,填滿所有的空隙。

② 將三株矮珍珠種下去,之間要有足夠的間隔以供其成長發展。不用多久,它們就會創造出一片毫無空隙的地毯狀植物,鋪滿水族箱的前景區。

左圖:在皇冠草旁邊的前景區,我們另外種了兩種珍珠草;很快地,它們就會長成一叢茂密的水草。

右圖:在野外,單月苔會在石塊上形成墊子。佈置水族箱時,你可直接購買已經附著在陶石上的,只要將它整塊放在基質上即可。未來若有需要,你可將之移動。單月苔長得很快,不久就會覆蓋整塊石頭。

完成植栽的水族箱

水蓑衣　　　　　皇冠草

珍珠草

上圖：在佈置水族箱的植物時，請隨時從各個角度來檢視它們。如果每一側都看得見，那麼請確認是否還有一些需要補種的地方。這張由右側所拍攝的圖片，賦予了這座水族箱一個全新的觀點。

下圖：將大葉皇冠草種在水族箱的背景區裡可創造出一個很棒的效果。這株火焰皇冠草會成為注目的焦點。為了擁有最佳的成長效果，請提供養分充足的基質、足夠的光源、並定期施予鐵肥。

成長的空間

切莫企圖立即就將整座水族箱都填滿。讓那些已經種下去的植物自然成長，如此會讓水族箱的整體景觀看起來更加自然。如果某個空隙一直存在，你可之後再補種其他水草。

特紅皇冠草　　熱帶溫蒂椒草　　　火焰皇冠草　　　火焰皇冠草　　　　火焰皇冠草

單月苔　　　熱帶溫蒂椒草　　　矮珍珠　　　熱帶溫蒂椒草　　　矮珍珠

計畫的進行

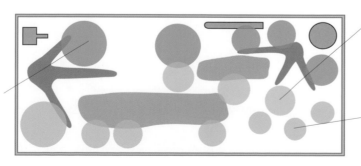

背景區
*在這裡，大葉皇
冠草給水族箱的
整體景觀創造了
一個強烈的結構
背景。*

中景區
*溫蒂椒草不但賦予了中
景區鮮明的特色，也柔
化了石塊的稜角。*

前景區
*不會長高的珍珠草與矮
珍珠給魚兒留下了足夠
的游動空間。*

水生植物

本章節所要討論的是在多數情況下容易成長的各種水生植物。這裡將根據種植的區域，將它們做分門別類的介紹。

背景區應該種長得最高的植物，最好能長到水面去。這類植物有多種面貌，從苦草的緞帶狀葉片到亞馬遜劍草（皇冠草）的鏟子狀葉片等，姿態各異。若想製造微妙的變化，也可考慮水蓑衣；這種水草有一簇簇的小葉子，能在水族箱的背景區創造出林蔭茂密的效果。除了不同的葉形，不要忘了還有葉片的顏色可利用。你可混合相似的葉片色調，形成一個背景「簾幕」，或使用對照的色彩創造出衝擊的效果。

中景區的植物組成了水族箱心臟地區的景觀，而其涵蓋的選擇可能也是最廣泛的。這類植物應該只長到水族箱的一半高，以便觀賞者能看到背景區的植物，而且要創造出看起來很自然的層次感。種植時，既要在中間處留給魚兒游動的空間，也要給較膽小的品種提供足夠的藏身處。把植物種在硬體的裝飾品之間，給人一種它們正在逐步侵入空隙的感覺。的確，它們很快就會填滿空隙，柔化了石塊和木頭的稜角，讓整體景觀呈現出一種自然的感覺。某些植物的種類，如小榕及蕨類等，不會生長在基質裡，而是附著在有孔的材質上，如木頭或適當的石頭等。這類植物最適合種在中景區，因為它們能將硬體裝置與柔軟的植栽做結合。中景區也最適合種植特殊的植物品種，如馬達加斯加廣葉網草，而成為整個水草展示的核心。

前景區種植的應該是低矮的水草；它們會在水族箱前端形成地毯式的覆蓋。矮珍珠就是一個很棒的選擇。這類植物大多生機旺盛，一旦穩定後，就需要固定修剪以控制其長勢。最好只選擇一、兩種來種，以免前景區裡太多植物，最後亂成一團。這種低矮的植物會將種在它後面的植物圍起來，讓整座水族箱呈現出一種自然的面貌。

浮水植物能給完整的水底景觀添加畫龍點睛之效。此類植物多數長著懸垂的根，在水族箱裡給膽怯的魚兒提供了絕佳的遮蔽和掩護。浮水植物會在整個水面迅速蔓生；它們的葉子容易被光線烤焦，因此需要給它們遠離強光的保護。

背景區植物

大型虎耳草

當幾株種在一起時，來自中美洲的大型虎耳草能給背景區的景觀增添一種細緻的優雅。它們嬌小卻茂密的葉子很輕易就可把所有難看的硬體設備遮掩起來。此植物的繁殖很容易，只要將剪下來的枝葉種下即可，藉此還能增加整叢植物的繁茂度。虎耳草需要充足的光線、良好的基質、固定的營養補充、以及二氧化碳施肥。狀況佳時，它們可以長到 20-40 公分（8-16 吋）高。

水松類植物
綠色水松

可能是水松類植物中最常見的品種。產自中南美洲的綠色水松能給水族箱的植栽增添一種蒼翠的沙拉綠色調。針葉繁茂的水松可與中景區的大葉植物呈現出漂亮的對照。栽種時，切勿太密集；植株之間需留有足夠空隙，如此光線才能照到植物的底部。多數水松會長出側芽；你可用一把銳利的剪子將它們剪下，然後種在原來的那株水松附近，使得整體看起來更加繁茂蓬勃。綠色水松可長到 50 公分高（20 吋），能佈滿整個水族箱的背景區。

水松類植物
黃色水松

產自中美洲的黃色水松在市面上十分常見，也深受消費者的喜愛。它羽毛般的葉片會讓水族箱的水草植栽呈現出一種毛茸茸的感覺。其細小的葉片以等距離沿著莖梗生長，到了頂端的嫩葉處則變得很茂密。商家通常會用小鉛錘將幾株水松綁在一起出售。栽種前，請記得將鉛錘解開，然後以每株間隔 6 公分（2.4 吋）的距離將它們種下，如此底部的葉子才不會因光線不足而死掉，否則，死掉的葉子會造成莖梗的枯萎斷裂，最後在水族箱裡到處飄浮。只要固定施肥、光線充足，水松便可長得健壯茂密，最高可長到 40 公分（16 吋）。

水松類植物
紅色水松

雖然不是全紅，但這種水松的葉色融合了紅色與嫩葉的檸檬綠，非常漂亮。通常愈稀罕的植物愈需要精心照顧，而紅色水松正是這樣的植物。你若想要水族箱裡有一大片長到 40 公分（16 吋）高、令人驚豔的背景區植物，那麼你需要給它們提供很棒的二氧化碳、非常明亮的光線、以及固定的施肥。水藻很容易就會堵住紅色水松的呼吸，因此千萬不能讓它們沾上了任何藻類。產自中南美洲的紅色水松，對經驗豐富的水草專家來說，都是一個很大的挑戰；因此，剛入門的各位，最好還是選擇綠色的品種，它們比較好照顧。

水蒜類植物
暹羅水蒜

就水草而言，這種迷人的品種有一種特殊的外型。長得像一顆洋蔥的大球莖半埋在基質裡，而緞帶般的葉片則往水面不斷地生長。當葉片長到水面時，即便是在 1 公尺（39 吋）高的水族箱裡，它們也會浮在水面繼續生長。這時，你就必需修剪葉片，以免它們擋住下面其他植物的光線。然而，也不能剪掉太多，否則你就會破壞這種植物「噴泉般」的效果，而這效果可是能給魚隻提供很重要的藏身處。雖然這種水蒜植物只能做為背景，但栽種時最好還是選一個至少它美麗的球莖能被看到的地方。

光冠水菊
鍬形葉植物

這是另一種能在水族箱中創造出漂亮背景的植物。此種植物的葉子較小，葉片兩兩對生於莖梗上，每一對與長於其下的另一對呈 90 度錯開，讓植物能吸收到最大量的光線。這種綠色鍬形葉植物生長極快；在理想狀況下，能長到 50-60 公分（20-24 吋）高，需要固定修剪，以免長得過度繁茂。若是整束買回來，切記要將它們分開種下，如此光線才能照到底部的葉子。

「大葉」水蓑衣的葉子會長得比該類植物的其他標準品種還要大。

水蓑衣
矮種水蓑衣

產自印度的矮種水蓑衣是水蓑衣類植物中最常見、也最適合新手栽種的品種。其成長速度之快、枝葉之繁茂，能讓入門者對水族箱中的植物生長感到安心。固定的修剪可促進其生長並使它顯得更健壯。由於受到消費者的喜愛，市面上便出現了其他栽培的品種，如「紅絲青葉」。其葉片上的白色脈絡會給此種植物增添一種結構上的面貌。當葉子長到水面並接觸到更多的光線時，顏色便會轉成一種迷人的粉紅色。

水蘿蘭
又稱水紫藤

產自印度、泰國、及馬來西亞的水蘿蘭有著細緻且莖梗茂密的葉相，在過濾器噴出的水流中會如波浪般優雅地翻滾。只要定期施肥、光線良好、空間充裕，這種植物就會長得漂亮健康。但若長得太擁擠，底部的葉片吸收不到光線時，便會很快枯萎斷裂。水蘿蘭可長到 50 公分（20 吋）高，是遮掩水族箱中礙眼的設備的最佳選擇。

水蓑衣類
蓋亞那水蓑衣

蓋亞那水蓑衣的大型葉片能給水族箱的展示添加一種特殊的形狀。將幾株蓋亞那水蓑衣種在一起，就能在水族箱的背景區築起一道 25 公分（10 吋）高的牆。不過，這個品種是水族箱植栽中最難照顧的品種之一，因為它需要極多的養分和強烈的光照才能長得好。對入門者而言，矮種水蓑衣或許比較容易照顧。

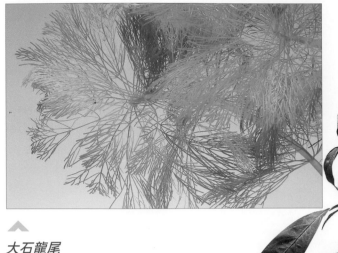

大型水丁香
紅葉水丁香

這種枝葉繁茂的水草產自美國南部，是水族箱背景區裡最理想的植栽之一。紅葉水丁香會從莖梗上冒出粉紅到綠色的橢圓形葉片，高度可達20-30公分（8-12吋）。由於生長快速，你可將莖梗剪下後直接栽種以增加整體數量感，它們很快就會填滿整個背景區。每株之間需留有足夠空間，如此光線才能照到植物底部。定期施鐵肥不但能使其茁壯，也會讓葉片的顏色更加美麗。

大石龍尾
大寶塔草

產自印度和斯里蘭卡的大寶塔草很容易與產自中南美洲的水松混淆。這兩種水草都有細密的針葉，也都生長快速。大寶塔草可長到50公分（20吋）高；其羽毛般的葉子會從中間的莖梗往外如蓮座般展開。當它們長到水面時，你可將它的葉子連莖梗剪下一段、然後將之種下以擴展整體數量。被剪下的地方需要完全復原後才能再度修剪。需定期施肥才能確保此種植物的茁壯。跟其他針葉植物一樣，大寶塔草若讓水藻沾上了，就會逐漸枯萎。

青狐尾
巴西狐尾藻

狐尾藻可說是水草植物中的「羽毛圍巾」。它細緻的針葉通常能將自己所有的莖梗遮住，為水族箱的背景區創造出一種很美麗的流動紋理。不過，細緻的葉片也是巴西狐尾藻的致命傷，因為它們會卡住所有經過的垃圾。效果優良的過濾系統對這種植物來說不可或缺；定期施肥與強烈的光照也很重要。請勿隨意修剪其枝葉，耐心等待新的側芽冒出後再將其剪下栽種，便可壯大背景區的整體美感。這個產自南美洲的品種可長到50公分（20吋）高。

紅色狐尾藻

這種針葉繁茂、產自巴西的紅褐色狐尾藻能給水族箱添加奇特的色彩，因此非常受到消費者的喜愛。強烈的光照及定期施鐵肥是該植物茁壯的基本要素。狀況良好時，可以長到 40 公分（16 吋）高。所有漂浮的垃圾都會被它茂密的針葉卡住，進而堵住其毛細孔、影響它的光合作用。因此，水族箱裡一定要有過濾系統以清除所有細微的垃圾。買回來時如果是好幾株綁在一起，記得要將它們分開栽種，並給它們留有充裕的空間以讓光線照到植物之底部。只能用側芽繁殖。

青紅葉

這個漂亮的植物很適合種在水族箱的背景區。其翠綠色的葉片兩兩對生長在強壯的莖梗上，高度可達 40-50 公分（16-20 吋）。初生的嫩葉通常帶著粉紅色；良好的光照和充足的鐵肥可以強化這個迷人的色澤。青紅葉長型的葉片以水平的角度向外生長，以便吸收到最多的光線，而這個傾向賦予它一個非常強烈的外觀結構。栽種時，請給予足夠的空間，讓光線能夠照到植物之底部。青紅葉喜歡稍軟的水，因此，如果你不確定能夠給這種產自西非的植物提供其所需的條件，那麼水蓑衣或許是一個較安全的選擇。

紅蝴蝶
大葉紅蝴蝶

這種植物有層層疊疊的葉片，顏色從粉紅到深紅，偏上面的地方還帶著綠。因其美麗的色彩，這個產自印度的水草成了水族箱植栽的首選之一。然而，如同多數紅色葉片類植物，只有強烈的光照和充足的鐵肥才能讓老葉與新葉同時維持這般鮮麗的色彩。此外，大葉紅蝴蝶很是嬌嫩，處理時要非常小心，以免不慎毀壞它的莖和葉。底部的葉片若光照不足就會枯萎掉落，因此植株之間必需留有充裕的空間。狀況良好時，大葉紅蝴蝶可長到 50 公分（20 吋）高。

派斯小水蘭
針葉水蘭

產自美國東部的針葉水蘭是入門者的最佳選擇,在多數的水族箱裡,它都可以長得很好,高度可達30公分(12吋)。針葉水蘭有細長的葉片,茂密成長時可以填滿整個背景區。只要光線良好的地方,它就可以茁壯;不過,在比較深的水族箱裡,若將它種在中景區,看起來會更漂亮。針葉水蘭會向兩邊蔓生,因此,如果你的設計需要,還可將針葉水蘭當作隔開不同植物的「簾子」。

墨西哥橡樹葉

顧名思義,這種水草的形狀跟長在陸地上的橡樹葉子很像。光線不良時,這種植物會變得很細瘦,因此,若想要它們枝葉繁茂,就要給它們提供充足的光線。頂端的葉子需要經常修剪,免得長得過大而遮住下面其他植物的光源。墨西哥橡樹葉可長到60公分(24吋)高。繁殖時,將側邊的枝葉剪下來栽種即可。

針葉水蘭及苦草對新佈置的水族箱而言，都是很理想的選擇。它們的快速成長會吸收掉任何多餘的養分，讓水藻無法生存。

扭蘭
螺旋型水蘭

產自日本的扭蘭可以長到 35 公分（14 吋）高。其扭曲的葉片可在水族箱的背景區創造出特殊的景觀。這種螺旋形水草擴展快速，若不加以控制的話，就會肆意蔓延。切莫將扭蘭與其體型較小的近親「照水盾草」混淆了，後者的葉片不若前者那般扭曲，長得也沒前者那麼高。

大苦草

假如你所追求的是一種大膽的背景設計，那麼產自新幾內亞的大苦草就是你最好的選擇。這種健壯的緞帶型水草可以長到 1 公尺（39 吋）高，觸及水面後便呈水平擴展。小心地照顧才能預防這個植物變得太霸道。因為健壯，大苦草需要強烈的光照與品質優良的鐵肥。葉子若發黃，那便表示光線與鐵肥都不足。大苦草會透過冒出來的側莖不斷擴展；在涼快且稍硬的水質裡長得最好。

鰻魚草

鰻魚草可長到 60 公分（24 吋），比起大苦草矮了一些，但卻很適合大多數水族箱的水草展示。一旦其纖細、緞帶般的葉片長到水面時，它們便會繼續往外長以便充份利用自身所能獲取的光線。鰻魚草會透過從母株長出的側芽不斷繁殖，因此需要小心控制以免它們肆意蔓延。鰻魚草跟多數苦草類的植物一樣，在冒出水面後，也會在水面上開出扭曲的花穗。良好的光線與充足的鐵肥是鰻魚草茁壯的基本需求。

比起原型鰻魚草，「虎斑」鰻魚草的葉片更纖細、更優雅。

中景區植物

紅柳

產自非洲的紅柳外觀非常優雅，其細長、緞帶般的葉片在圓柱形的莖梗上亭亭玉立。其葉片與莖梗都帶著紅色。由於上半部的繁茂可能遮住其底部所能獲得的光源，因此這種水草最好種在某些茂密的前景區水草後面，以便遮住其底部。只要將幾株種在一起，便可創造出一種神秘的森林效果。在理想的環境下，紅柳可長到50公分（20吋）高，但是25-30公分（10-12吋）是比較常見的高度。紅柳需要種在鐵肥充足的基質裡，並需要強烈的光線。

瑞氏蓮子草

這種水草擁有強烈的色彩對照：其葉片向上的那一面是橄欖綠，向下的那面則是鮮艷的粉紅色。兩兩對生的葉子長在紅色的莖梗上。比起單株種植來，將幾株種在一起，更能創造出茂密、自然的效果。瑞氏蓮子草產自南美洲。鐵肥充足的基質會讓葉片上的紅色變得更鮮艷，而明亮的光線有助其成長得更茁壯。在最佳狀況下，此水草可長到50公分（20吋）高。

迷你小榕

產自西非的小榕給水族箱的中景區引進了寬葉水草的種植。厚實的葉子從一個中央根莖長出來，而根莖必需種在基質上，否則就會爛掉。最好是讓根莖附著在一塊石頭或木頭上，如此，它就會鑽進細縫裡，讓自己穩固。跟多數水草一樣，迷你小榕也需要明亮的光線。一般而言，它在多數水族箱裡都可長到 30 公分（12 吋）高。

大皺邊草

種在中景區時，這個漂亮的品種通常會成為整座水族箱的焦點。長而有皺摺的葉片會從一顆富含養分的球莖裡長出來；不平整的葉片表面能讓它充分吸收其茁壯所需的強烈光線。如果你只買了一顆球莖，那麼請耐心等待；葉子會在幾週後就冒出來。跟其他同類水草一樣，在良好狀況下，大皺邊草也會長出花穗。它也可能會進入休眠期，如同在它的天然棲息地馬達加斯加的乾季時。不過，只要狀況理想，經過一兩個月的休眠期後，多數球莖就會開始復甦成長。大皺邊草可長到 40 公分（16 吋）高。

波紋皺邊草

這是皺邊草中最常見的品種之一。光線良好時，它會迅速長出 20-35 公分（10-14 吋）長的波浪狀葉片。此種水草的結構相當鬆散；如果光線不足，它會為了尋找更多的光線而不斷成長。充足的養分才能保持這種植物的健康。狀況理想時，波紋皺邊草會在水裡開花。經過幾個月的快速成長後，若速度慢下來，不用擔心；植物並不是生病了，它只是在休息，就像它在自己的天然棲息地斯里蘭卡的乾季時那般。

大浪草

這個產自斯里蘭卡的水草葉形非常漂亮優雅，淺綠色的葉片在成熟時會帶著一絲橘黃色。光線不足時，大浪草會發育不良；因此，一定要提供充分的光線以確保其茁壯。跟其它皺邊草一樣，大浪草也會在一段時間的快速成長後進入休眠期。最高可長到 35-40 公分（14-16 吋）。

網草

迷人的網草有著形狀特殊的葉子，種在水族箱的中央時，會產生頗震撼的效果。但網草很不好照顧，因此在購買前，消費者要仔細考量其所需。網草的葉片結構彷彿殘骸，由互相連結的脈絡所組成。卡在葉片上的細微垃圾很難清理，因此良好的過濾系統和定期的水質保養不可或缺。網草需要生長在軟水裡，且酸鹼值必需保持在 7 以下。狀況良好時，可長到 35-40 公分（14-16 吋）高。

網草需要一段時間的乾燥期。

長葉睡蓮

長葉睡蓮的球莖看起來醜醜的，但長出來的葉子卻令人驚喜。嫩葉的色彩很鮮麗，前端是深綠色，後面是紅褐色。其纖細略帶弧度的葉梗能給整體的水草景觀增添一些不同的形狀。由於此植物是從球莖長出來的，因此球莖的養分用完後，就必需靠施肥來取代。充分的營養不可或缺，尤其是二氧化碳。如果能夠提供良好的光線，你可考慮將這個來自東非的長葉睡蓮做為中景區最吸引人目光的植栽。它可長到 35 公分（14 吋）。

日本簀藻

這個產自亞洲的水草很不好照顧，但在理想的狀況下，它可長成一片茂密的葉叢。延長其壽命並使其茁壯的要素如下：低酸鹼值的軟水、明亮的光線、及高濃度的二氧化碳施肥。雖然日本簀藻最高只能長到 8 公分（3.2 吋），但其緞帶般的葉片卻能在中景區創造出一種枝繁葉茂的效果。

邊椒草

產自泰國的邊椒草是椒草類水草中外觀較不一樣的品種。其緞帶般的葉片上有明顯鋸齒狀的波紋，與其它植物形成強烈對比，能給水族箱的水草景觀添加一種不同的紋理。邊椒草在多數條件下都能存活，但是明亮的光線會讓它長得特別好。在理想狀況下，可長到 40 公分（16 吋）高，但是10 公分（4 吋）是比較普遍的高度。

桃葉椒草

這是椒草類中生命力最強韌的品種之一，很容易栽培。給予明亮的光線和二氧化碳施肥，它就可以寬度不變地長到 25 公分（10吋）高。產自蘇門達臘和婆羅洲的桃葉椒草其葉片形狀大而明晰，能在水族箱的中景區創造出引人注目的焦點。

柯達椒草
大型椒草

有著橢圓形葉片的柯達椒草產自泰國。對水草來說，它的顏色相當奇特：正面是紅褐色，背面是深紅色。生長環境正確時，葉片可以長到 15 公分（6吋）長、6 公分（2.4 吋）寬，如此大的葉片正呼應了其「大型」椒草之名。若要這些大葉片長得茂密，你需要給它們提供足夠的二氧化碳和營養充分的基質。

安杜椒草
波紋椒草

產自印度的安杜椒草是中景區植物中最受歡迎的水草之一，其特點便是波紋狀的深綠色葉片長在顏色與其對照的紅褐色莖梗上。安杜椒草的葉片可以長到 30-35 公分（12-14 吋）長，但光線不足時，它就會長出形狀較小的淺綠色葉片。良好的光線加上營養充分的基質可以促進葉片之茁壯。

圓葉皇冠草

此種皇冠草產自北美和墨西哥，葉子幾乎呈圓形，能給水族箱的水草佈置添加另一種獨特面貌。單一葉片長在一支支的莖梗上，高度可達 40 公分（16 吋）。修剪老舊的葉片不僅能促進新葉片的成長，也能讓外觀看起來更井然。與其它皇冠草一樣，這種皇冠草也需要充分且優良的鐵肥才能長得健壯漂亮。會長出花穗，伸出水面後開出白色的小花。

寬葉皇冠草

這個產自南美洲、易於照顧的亞馬遜皇冠草可能是水族店裡最常見的皇冠草之一。栽種時，每株之間必需留有充足的空間，以供未來茁壯；它的前面則要種上要求不高的前景區水草以遮住一段時間後它可能變得雜亂的基部。明亮的光線和定期施予鐵肥及二氧化碳，能讓皇冠草長得特別健壯。理想狀況下，可長到 50 公分（20吋）高。寬葉皇冠草會結花穗，而側芽則會逐漸在水族箱裡蔓延。

紋理分明的大葉子，在水族箱的水草景觀裡能呈現一種大膽的表述。

大葉皇冠草

這個產自圭亞那和巴西的亞馬遜皇冠草身形高挑優雅。由於高度可達 50 公分（20 吋），而葉子長度可達 20 公分（8 吋），大葉皇冠草其實只適合最大型的水族箱。橢圓形的大葉片會遮住其他水草的光源，因此要經常修剪以控制這個問題。雖然可供選擇的皇冠草種類很多，但是對中型水族箱而言，小一點的品種才是較佳的選擇。

馬蒂皇冠草
有波紋的亞馬遜皇冠草

馬蒂皇冠草的狹長葉片有著波浪般的邊緣。明亮的光線與豐富的鐵肥是其茁壯的基本需求。

這個產自巴西的水草可以長到 50 公分（20 吋）高，適合較大型的水族箱。種在中景區時，很容易就成為注目的焦點。

紅蛋皇冠草
紅色亞馬遜皇冠草

紅蛋皇冠草是亞馬遜皇冠草中最迷人的品種之一，其紅色嫩葉在逐漸成熟後就會變回較傳統的綠色。這個產自巴西的皇冠草還有另一樣特色：其葉片上有明顯的紋理結構。與其它皇冠草一樣，紅蛋皇冠草也需要明亮的光線及豐富的鐵肥。最高可長到 40-50 公分（16-20 吋）。

火焰皇冠草

漂亮的火焰皇冠草是皇冠草的另一個
改良品種，深受消費者的喜愛。它的
葉片有紅綠色斑點，能給水族箱增添
不同的風貌，並創造出令人驚艷的效
果。每一片葉子上的紅色斑點
在整片葉子的壽命中都能持續
不退。這個品種最早產自南美
洲，可以長到 40 公分（16 吋）高，
是水族箱裡最引人注目的焦點。

紅斑象耳

這個產自巴西的皇冠草有著橢圓形的葉片，長在
高度可達 30-35 公分（12-14 吋）的莖梗上。它
的成長很迅速，不斷冒出的葉子很快就會覆蓋莖
梗的底部。栽種時要給予足夠的空間，並避免在
它的附近種植其他需要光線的植物。明亮的光線
和豐富的鐵肥能促進其茁壯，不過在多數狀況下
它都能長得很好。

芭蕉皇冠草

芭蕉皇冠草是亞馬遜皇冠草中體型最小巧的品
種。它產自南美洲，對多數水族箱而言，都是很
理想的選擇。短短的莖梗上長著茂密的葉片，葉
片狹長，頂端尖細。種在中景區時可以遮掩背景
區裡體型較高的植物難看的莖梗。給予豐富的鐵
肥和明亮的光線，芭蕉皇冠草就可長到 25 公分
（10 吋）高。

魯賓皇冠草

魯賓皇冠草是配種栽培的皇冠草中最漂亮的一種。其成長過程中，從紅到綠，顏色變化很豐富，深受水草種植者的歡迎。這個改良的品種有著紋理明顯的葉片，是水族箱中很棒的焦點。成熟的葉片不會往光源處生長，反而有四下蔓延的傾向，因此栽種時需留有足夠的空間。明亮的光線和豐富的鐵肥可確保其茁壯。能長到 50 公分（20 吋）高。

葉片上奔放的紅與綠，是這個水草最叫人驚豔的特色。

長葉九冠

烏拉圭亞馬遜皇冠草

這個產自南巴西和烏拉圭的皇冠草可長到 30 公分（12 吋）高。與其它寬葉品種很不一樣的趣點是，它的葉片茂密且細長，成長過程中會逐漸開展，呈現出扇型效果，種在中景區時看起來很棒。嫩葉通常呈紅色，與成熟葉片的綠色形成鮮明的對比。明亮的光線、豐富的鐵肥、及品質優良的基質可確保此水草的茁壯。長葉九冠比其它皇冠草更能忍受稍涼的水溫。

特紅皇冠草

「特紅」兩字明白點出了此一改良品種的外觀特色。其紅銅色的葉片與多數皇冠草的綠色葉片顯然不同，能在任何水族箱裡創造多變的風貌。橢圓形的大葉片會往外開展，因此種植時要留有足夠的空間。明亮的光線、豐富的鐵肥、和定期添加二氧化碳，可讓特紅皇冠草在中景區裡長得亭亭玉立，最高可達 40 公分（16 吋）。

小竹葉

小竹葉產自巴西。它的葉片呈星狀排列，長在細長的莖梗上。這種水草的基本生長要求就是良好的光線；只要光線充足，它就會長得茂密挺拔，高度可達40-50公分（16-20吋），能在水族箱的中景區創造出一種蓊蓊鬱鬱的效果。若缺乏光線，它就會長出水面外去尋找較多的光源。而只要在某個水平高度找到光線，它便會開始冒出側芽、滋長蔓延。小竹葉的外型也能與大葉植物呈現出絕佳對照。

上圖：天胡荽的枝梗給水草景觀添加了一種垂直的風格。

香菇草
白頭天胡荽

天胡荽的圓型葉片直徑約 3-5 公分（1.2-2 吋），能給水族箱的中景區添加一種特殊的風格。這植物長得很快，最高可達 50-60 公分（20-24吋），需要經常修剪以免阻礙其它水草的成長。良好的光線是它最重要的生長需求。靠側芽繁殖；如果側芽斷落，它們自己會很快長成新的一株。

小紅莓

這個丁香屬的水草產自北美洲；其茂密的枝葉是中景區很理想的水草選擇。小紅莓的葉子比匍生水丁香的葉片還狹窄；與其它近親種在一起時能創造出一種討喜的效果。強烈的光線和豐富的鐵肥可強化小紅莓的紅色色澤。光線不良時，葉片會呈淺綠色，並且長得不健壯。定期將過高的枝梗修剪掉，以維持其茂密的外觀。

熱帶鐵皇冠

這是爪哇蕨的改良品種，葉片邊緣因深刻的切口而形成裂片。此水草的生長需求與標準爪哇蕨一樣。

匍生水丁香

這個小葉植物產自中美洲和北美洲，無論色澤或形狀都可為水族箱帶來不同的風貌。其葉片正面呈深綠色到棕色，背面則呈紅綠色。匍生水丁香生長迅速，很快就會在水族箱裡突顯自己。葉子在莖梗上兩兩對生，在每個葉片與莖梗間的交接處，都會冒出側芽、成長為獨立的枝梗並有自己的葉片。葉片之間的間隔取決於其所吸收的光線；光線愈強，每一對葉片就愈靠近。最高可長到 50 公分（20 吋），需要經常修剪才能與中景區的其他植物搭配。

爪哇蕨

這是水族箱裡最容易栽種的水草之一。爪哇蕨產自
東南亞，在其天生的環境裡，可同時生存在水底和
水流旁的石塊與木頭上。買回時
若未附著在任何東西上，請記得
用釣魚線或棉線將它們與石塊或
木頭綁在一起。新芽會從老舊的葉子
上長出來，取下後可做為繁殖用。在自
然的環境裡，它們會在老葉掉落時從母
株落下，成為新的一株。爪哇蕨可長到 25 公分（10
吋）高，在水族箱裡形成茂密的一叢。在多數的水
族環境裡，它都可以生長，並不需要明亮的光線。

鹿角鐵皇冠

因為葉片邊緣有更細緻的切口，鹿角鐵皇冠
看起來有羽毛般的外觀。此外，這個深受追
捧的水草比一般的爪哇蕨更小巧，因此很適
合較小型的水族箱。

藍睡蓮
紅藍睡蓮

藍睡蓮產自印度；它的葉子比齒葉睡蓮的葉子還
小，是小型水族箱植栽的理想選擇。藍睡蓮的葉
子上沒有斑點，但色澤變化從粉棕色到紅色都有。
時常修剪長高的莖梗可讓整個植栽維持小巧的外
觀。栽種時，球莖的頂端要露出；如果球莖埋得
太深，就可能會腐爛死掉。

71

上圖：紅色虎皮睡蓮的顏色和型態變化多端。

齒葉睡蓮
虎皮睡蓮

睡蓮在全世界都很受歡迎，而這個產自東非的品種對水草愛好者來說是相當理想的選擇。所有的睡蓮都喜歡長到水面去以便吸收最多的光線，但這對水族箱的照顧而言卻是個麻煩。請將每一片看起來似乎要長到水面去的葉子剪掉——而這每三、四天就可能發生——如此，可促進睡蓮在水面下的生長。帶著紅綠色斑點的葉面寬度可達 18-20 公分（7-8 吋），在水族箱裡能創造出一種大膽奔放的效果。栽種時要留有足夠的空間，以免其葉片遮擋到中景區裡其他植物所需的光線。睡蓮所有的葉子都是從塊莖裡長出來的，因此種下時，塊莖的頂端必需露出來。

扁葉慈菇
大慈菇

雖然扁葉慈菇也可做為前景區的植栽，但它會長到 20 公分（8 吋）高，所以比較適合中景區的佈置。大慈菇之所以稱之為「大」，是因為它的寬葉片會展開成扇形，與整個中景區的其他水草形成大膽的對照。定期施予鐵肥並提供明亮且品質優良的光線，是大慈菇茁壯的基本要素。

美洲苦草
叢林苦草

美洲苦草很適合種在中景區的邊緣。緞帶般的葉片在長到 50-100 公分（20-40 吋）高時會開始扭曲旋轉，能遮掩水族箱裡任何難看的設備。在理想狀況下，這個產自北美的品種會自行長出側芽繁殖成一大片。光線充足時，美洲苦草會生出花條，然後冒出水面開出白色的小花。

上圖：在這個水草佈置裡，美洲苦草纖長的葉片正在捕捉其所需的光源。

圓葉節節草
矮種節節草

與多數中景區植栽不同，這個產自東南亞的圓葉節節草的葉形特別嬌小。將幾株種在一起時，可創造出一種茂密的感覺。它的葉子和莖梗都是翠綠色；光線充足時，葉片尖端會轉成粉紅色。除了明亮且優良的光線外，圓葉節節草也需要定期施肥才能茁壯。

前景區植物

迷你小榕

迷你小榕可能是水榕中最受歡迎的品種，也是水
生植物中最矮小的品種之一，種在前景區時，非
常地漂亮。迷你小榕產自西非，其圓型肥
厚的葉子長在從蔓延的根莖所冒出來
的短梗上。它矮壯的外觀阻絕了食草
魚類對它的注意。迷你小榕很容易照顧，
但生長緩慢，最高僅達 12 公分（4.7 吋）。水族
店可能將它種在一塊石頭或木頭上出售，而這造型
可為水族箱的佈置增添一些趣味性。其他品種的
水榕還包括袖珍小榕、心型水榕、以及咖啡水榕、
三角水榕等。

長柄水榕
窄葉水榕

水榕是生命力最堅韌、最容易照顧的水生植物之一。
它們從蔓延的根莖長出來，並且會長出很多的葉子。
這個品種產自西非，有著鮮嫩、翠綠、尖尖的葉片，
會形成一叢茂密、強壯且受到魚類忽略的植栽。它
最好的栽種位置是前景區的邊緣，最高可長到 20 公
分（8 吋）高——雖然可能要花很長的時間。如果在
前景區長得太茂密時，可以將它稍微往後移，與中
景區的植物混在一起。如同其它水榕類植物，長柄
水榕也可附著在石塊或木頭上生長。此品種基本上
是入門者的最佳選擇。二氧化碳施肥可促進其生長。

假馬齒莧

只要光線充足、經常修剪，假馬齒莧就會在前景區長得小巧茂密，高度不會超過 10 公分（4 吋）。它會長出一簇簇橢圓形且茂密的葉子。但是，光線不佳時，它會長得細高、且葉片減少，葉與葉之間的距離也會變大。經常修剪可維持其低矮的生長習慣。

白椒草

這個美麗的椒草有著細長的葉片，顏色多變，從翠綠到紅棕色等都有，能與其它前景區的植栽呈現參差與對比。將幾株白椒草種在一起，可創造出視覺上的衝擊效果。白椒草產自泰國，需要定期施肥和明亮優良的光線，才能長得茂密。光線不佳時，會變得細瘦。跟所有的椒草一樣，白椒草也喜歡添加了磚紅壤的基質，且最終會從埋在其根部附近的肥料片受惠。最高可長到 25-30 公分（10-12 吋）。

綠藻球

這個成長緩慢的圓型水藻球能給中景區增添一種原始且充滿趣味性的植物型態。光合作用和呼吸時所產生的氣體會讓它上升、浮到水面去；當氣體釋放後，它便會再度沉到水底去。

威力斯椒草

這個產自斯里蘭卡的小椒草最高僅長到 5 公分（2 吋），是前景區植物另一種很理想的選擇。其葉子比帕夫迷你椒草的葉子寬，同樣會在水族箱的前側蔓延成一片。與所有小型水草一樣，威力斯椒草也需要強烈的光線，除此之外，它很容易照顧。定期施肥可確保其長得健康漂亮。

貝克椒草

雖然最高只長到 15 公分（6 吋），這個產自斯里蘭卡的迷人椒草有著深綠色的大葉片以及顏色與其互相襯托的紅棕色莖梗。將幾株種在一起時，效果看起來最棒，而且很快就會長成茂密的一片。切莫讓種在它後面的高植物遮擋了它的光線，否則它不會長得好。貝克椒草需要優良的光線，施肥時則要選擇埋在根部的那種肥料片。鼠魚及其他品種的小魚最喜歡貝克椒草的寬葉片所創造出來的庇護。

帕夫迷你椒草

狀況穩定後，這個產自斯里蘭卡、細緻又美麗的細葉水草會在水族箱的前景區創造出一片「草坪」來。但是，要達到這般效果，你必需給它們提供營養豐富的基質以及高品質的強烈光線。帕夫迷你椒草最高只長到 5 公分（2 吋），可與其體型較大的同屬椒草做出很棒的搭配。

牛頓草

牛頓草來自北美洲，喜歡往水面生長，最高可達 **25-35** 公分（**10-14** 吋）。做為前景區植栽，這般的高度似乎不尋常。但是只要定期修剪，它們不僅能保持矮小的體型，也會因此而不斷冒出側芽形成茂密的、籬笆般的外觀。牛頓草因其細緻如羽毛般輕軟的葉片而成為最受歡迎的水草之一。光線佳時，葉子尖端的顏色會從綠色變成棕褐色。牛頓草需要明亮的光線、稍軟的水質、以及定期施放的鐵肥。如果有較長的莖梗斷落，只要把它們塞進基質裡就行了。

渥克椒草

渥克椒草比一般椒草稍高，種在前景區的側邊時，可讓水族箱的角落看起來顯得柔和。這是最常見的椒草品種之一，葉片的正面是墨綠色，背面是褐色，非常受到水草愛好者的歡迎。將渥克椒草與一片帕夫迷你椒草種在一起，就可創造出完整的水族箱前景來。產自斯里蘭卡的渥克椒草可長到 **12** 公分（**4.7** 吋）高；幾株種在一起時效果最佳。很容易照顧，定期施肥即可助其茁壯。

針葉皇冠

針葉皇冠是最受歡迎的前景區水草之一，原產地是北美和南美。需要良好的環境才能茁壯漂亮。給予明亮的光線、優良的基質，針葉皇冠就會在前景區裡蔓延成一片 8 公分（3.2 吋）高的地毯狀覆蓋。買回來時若有任何裂片狀的葉子，就表示它曾經在水面上生活過。不過，一旦種在水面下後，那些裂片便會自行脫落，並長出纖細茂密的水生葉子。肆意蔓延時，只要將冒出的側芽剪掉或移除你不想要的部分即可。

牛毛氈
髮草

這個長得像雜草般的品種，在多數水族店裡都買得到。光線不佳時，它會變得瘦高稀疏；但在良好的光線和定期施肥下，它便會長得繁盛茂密，在水草的佈置裡創造出一種極具趣味性的結構。請記得在水族箱裡放進一些鼠魚；牠們會吃掉或除去卡在這個纖細水草裡的小垃圾。如果葉片之間的空間被阻塞了，水草便會枯黃死掉。牛毛氈最高可長到 25 公分（10 吋），但一般高度是 15-20 公分（6-8 吋）。

水蘚
翡翠莫斯

這個有趣的小水草產自北美、歐洲、亞洲、和北非,能在水族箱的水草配置裡增添一種獨特的趣味性。水蘚有著細緻的船帆形葉片,只有0.5公分(0.2吋)長,茂密地長在纖細的莖梗上。水蘚喜歡溫度較低的水,最享受過濾器湧出的水流。買回時,要小心處理,用細釣魚線將它們綁在前景區的石塊或木頭上。在明亮的光線下,它們就會蔓延成一塊墊子、將釣魚線遮住,並且很快就會看起來彷彿一直長在那裡似的。

百葉草
星狀水松

雖然這個產自澳洲和亞洲的漂亮水草可長到40公分(16吋)高,但定期修剪和正確的環境就可維持其茂密矮壯的形狀,成為前景區最棒的水生植物之一。若要其星狀的葉片圈長得繁茂美麗,就要給它提供強烈的光線、高濃度溶解的二氧化碳、以及營養豐富的基質。雖然星狀水松的成長要求很高,但照顧好時,其回報也很大。

矮珍珠

產自澳洲和紐西蘭的矮珍珠可說是前景區中最基本的毯狀類植栽。只要光線和二氧化碳充足,它就會在整個前景區形成一片茂密的覆蓋,柔化所有的角落和銳利的邊緣,那效果就好像直接移植過來的一段河床般。矮珍珠很少長到1.5公分(0.6吋)以上。如果長得好,你便可常常觀察到它垂珠般的葉片如何卡住它行光合作用時逸出的氧氣泡。栽種時,幾株一組分開種下,穩定後它們很快就會混合成一大片。

珍珠草

產自古巴和美國東南部的珍珠草可長到
15-20 公分（6-8 吋）高，比迷你矮珍珠的
體型略高些。定期修剪可使其維持茂密。由
於懸浮顆粒很容易卡在其細小的葉片之間，
因此需小心保養勿讓它們被垃圾附著。將幾
株珍珠草種在一起才能創造出地毯式的效
果；它們會很快就混合成一片，彷若一株
大面積的植栽。明亮且高品質的光線是它成
長不可或缺的要素。

天胡荽
馬蹄草

這個從矮生蔓延的根莖長出圓形葉片的水生
植物，能給前景區的水草佈置帶來一種獨特
的葉片結構。產自東南亞的天胡荽需要明亮
的光線才能茁壯；在正確的環境裡，它很快
就會將基質覆蓋住。為達最佳效果，需將三、
四株種在一起。可長到 12 公分（4.7 吋）高。

迷你矮珍珠

這個產自中美洲、形態茂密的小圓葉水草會
在水族箱的前景區形成地毯式的覆蓋，高度
約 3-15 公分（1.2-6 吋）高。迷你矮珍珠沒
有珍珠草的生長迅速、也無其肆意蔓延的傾
向。它可跟其他前景區的
水草，如小型椒草等，形
成一個很棒的對照。所有品
種的珍珠草都需要明亮的光線和豐
富的營養補充，否則就會枯萎死掉。

大珍珠草

大珍珠草與矮珍珠的成長方式不一樣，後者是具有組織性的蔓延，但大珍珠草在前景區所提供的則是較雜亂的葉片陳列。這個低矮形水草產自中美洲，其數量龐大的小圓葉長在可長達 30 公分（12吋）的莖梗上，非常的引人。在明亮的光線下，它才能維持茂密的外觀。大珍珠草也可做為浮水植物，但它需要定期修剪以免遮擋了下面植物的光源。

南美草皮

這個產自印度洋毛里求斯島的小水草會一簇簇的覆蓋住整個水族箱的前景區，不僅可跟種在後面的大葉片水草互相襯托，還可給小型魚提供絕佳的隱蔽。鼠魚類的小魚可幫忙清理附著在它們身上的垃圾。南美草皮可長到 5-10 公分（2-4 吋）高，但定期修剪可控制其高度。剪成不同高度會讓它們看起來更自然。

佩拉苔蘚

這個原產於亞洲的水草，外型很令人驚艷；它有著非常細小、看起來好像蕨類的葉子，出售時通常是附著在石塊或特別設計的培養石上。良好的光線及不錯的二氧化碳，就可讓這個「活化石」迅速長成一大塊魚兒最喜歡優游其間的地毯。佩拉苔癬並沒有真正的葉子，而是看起來很像是分叉的蹼墊的葉狀體。脫落的小塊苔蘚會在水族箱的任何區域落地生根，長成新的一株。將這個水草以階梯狀在水族箱裡由前往後栽種，便可創造出令人目不轉睛的景觀。

浮水植物

水芙蓉

這個迷人的浮水植物最適合大型水族箱。它在水面上有光滑柔軟、萵苣般的葉子，水面下則是羽毛般的細根。水芙蓉靠根吸收養分，而它的根也能給魚兒提供很好的遮掩和庇護。水面上需有良好的通風才能讓水芙蓉長得好；除此條件，它基本上是很容易照顧的水草。

青蘋果浮萍

這個產自巴西的浮水植物有著小巧、厚實的圓型葉片，看起來很像睡蓮的浮葉。它們在水族箱裡會隨著水流四處飄浮，很容易就拓散開來、佈滿水族箱，因此要控制其生長。新的植株會從蔓延的根莖長出來，形成另一圈葉叢；而那些葉叢的下面正是魚兒最喜歡藏匿的地方。

鹿角苔

這個形態簡單但不多見的水草有很強韌的生命力，在大多數的水族箱裡都可長得很好。繁殖的要求不高，頂端會不斷自行分裂成長。如果長得太茂密就要適度修剪，否則會遮住了種在它下面的其他水草的光源。

槐葉萍

這個品種產自歐洲、亞洲、和北非，葉片上有皺褶，使其外觀與耳葉槐葉萍很容易區別。跟所有浮水植物一樣，它們也能給游在水面的魚類提供絕佳掩護。透過羽毛般的細根吸收水中的養分；優良的施肥可促進其茁壯。

*插入圖：*長圓葉槐葉萍的葉子比較長、比較橢圓，但其生長需求與其他品種的槐葉萍相同。

耳葉槐葉萍

這個槐葉萍品種產自中南美洲，兩兩對生的葉片柔軟光滑，在水面上四處漂浮，成長迅速。它透過根部吸收溶解在水中的養分，不用多久，就會如毯子般覆蓋住水面，因此要適時控制其生長，以免遮住下面的植物所需的光線。水面上若通風不良，明亮的鹵素燈可能就會將它的葉片烤焦。

水族箱的照明

地球上的所有生物不可避免地都要依靠來自太陽的光能才能存活。植物利用陽光行光合作用，以產生所有食物鏈起點所需的單醣。在水族箱的「人造」環境裡，照明設備必需具有以下兩個功能：一，給植物的生長提供光能量；二，照亮水族箱的整體景觀以便魚兒覺得舒適自在，而我們也可欣賞並享受自己辛苦佈置的成果。

甚麼是光？

從低能量輻射波到高能量伽馬波的這個大範圍電磁能中，可見光所佔據的波段其實相當窄。在這些不同形式的光能量中，唯一的不同處，便是它們的波長——通常以奈米、也就是十億分之一米，來測量。可見光的波長從 700 奈米的紅外線到 400 奈米的紫外線，而介於這兩者之間的就是我們所熟悉的彩虹顏色：紅、橙、黃、綠、藍。當這些顏色混合在一起時，它們就形成了白色的光。

以上的解釋聽起來有點科學，但瞭解光如何「運作」是很重要的知識，因為這樣我們才能給水族箱的佈置選擇最具效能的照明設備。

植物需要哪種光？

多數植物行光合作用時，都是利用本身的綠色素也就是葉綠素來捕捉陽光。葉綠素吸收的主要是紅光和藍光。(葉綠素會讓植物看起來那麼綠，是因為它只會反射綠光但不會吸收綠光。) 在光譜的紅色部分，介於 650 和 680 奈米之間的波長最能有效地

在水族箱裡重現自然光

左圖：在亞馬遜河流域的某些河段，河水清澈透明，強烈的熱帶陽光促進了水生植物的蓬勃生長。選擇正確的光線強度和光源種類，可以幫助你在水族箱的水草佈置中重現這般繁茂的生長。

右圖：將一束白光射入一片玻璃稜鏡中，另一邊令人驚奇地出現了一道迷你彩虹。這片稜鏡所展示的便是構成白光的顏色光譜。瞭解大自然如何運用這些顏色，對水族箱成功的照明而言，至關重要。

肉眼可見的光譜有紅、橙、黃、綠、藍、紫。

在紅外線區域裡的光（700-750 奈米），無法被植物利用。

陽光在光譜的藍色區域裡會出現高峰。這個短波光可同時被植物和水藻利用。

nm	400	500	600	700

綠色會被多數植物反射。

人眼對黃色最為敏感。水族箱的照明需要包含這個區域裡的一個高峰值。

水生植物光合作用的能力，對波長介於 650 到 680 奈米之間的紅光，最為敏感。

變更自然的光循環

熱帶日

典型熱帶日的照明是從早上七點到晚上七點約十二個小時。

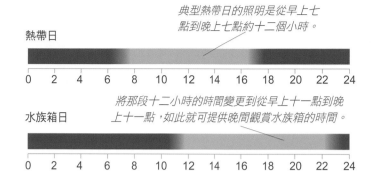

| 0 | 2 | 4 | 6 | 8 | 10 | 12 | 14 | 16 | 18 | 20 | 22 | 24 |

水族箱日

將那段十二小時的時間變更到從早上十一點到晚上十一點,如此就可提供晚間觀賞水族箱的時間。

| 0 | 2 | 4 | 6 | 8 | 10 | 12 | 14 | 16 | 18 | 20 | 22 | 24 |

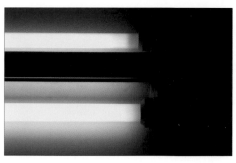

上圖:本書所示範的水族箱,採用的是一支三磷白色光管和一支粉紅色光管作為照明設備,以強化植物的生長。

被葉綠素吸收。

　　陸地植物能均勻地接受來自太陽光的所有波長。但是,泡在水裡的水生植物卻必須面對水的濾光效果。在光譜的紅色那一端,波長較長的比較「不活躍」且很快就會被吸收,而較短的藍色波長則比較「充滿活力」且在被吸收前就能深入水裡。(這也解釋了為何熱帶潛水影片裡的海底景觀,看起來總是那麼蔚藍。)為了補償這個不平均的吸收,我們給水生植物提供的光源就必須是在光譜上紅波長約 650 奈米中色值最高的,以及藍波長中色值相當高的。我們若想觀賞水族箱裡的景致,也需要黃色波長中色值高的,因為人眼對光譜中的這部分最為敏感。

選擇水族箱的照明

最常使用的水族箱照明可分為三大類:日光燈、LED、金屬鹵化物燈(金屬鹵素燈)。

標準日光燈是我們在日常生活和工作環境裡很熟悉的東西。它們是內部塗上磷的玻璃管,受到高能量電子衝擊後而發出螢光。

啟動器(鎮流器)會觸發這個過程。其所產生的光波長取決於管內所塗的磷層。為求水族箱擁有一個平衡的光源輸出,請選擇能符合藍、紅、黃三種峰值需求的燈管。效果最好的就是三磷光管;其中每一種磷都能產生不同的光波長。為了達到良好的照明效果,請在水族箱上方安裝至少兩支燈管(當然,這也要視箱蓋內的空間而定)。

　　日光燈管價格便宜,耗電量也少。一座 75 公分(30 吋)的水族箱只需要兩支 25 瓦的燈管來照明。然而,使用這種燈管有一個缺點:它們會往四面八方發光,在箱蓋內到處反射,而不是全部往水族箱下面照去。但這個問題,只要安裝一片便宜的反射鏡、將光線儘量導向下面,便可解決了。標準日光燈的另一個缺點是:它們的低電耗侷限了它們在高於 45 公分(18 吋)高的水族箱裡發出夠亮的光線的能力。因此,標準燈管現在已逐漸被 T5 燈管所取代。

T5 高輸出燈管比標準燈管或「T8」燈管細,但卻能比後者發出多 50% 的光,因此,對於

種有水草的水族箱來説,是一個較佳的選擇。T5 燈管比 T8 燈管昂貴許多,但近年來已經逐漸成為水族箱的標準照明設備。幾支不同的燈管就可提供具有變化的光譜,而且便利的是,你只要閱讀所附的説明,便可找到哪種燈管最適合水草養殖。不過,所有的 T5 燈管都有一個設計上的缺點,那就是,在其他種類的燈管都具有閃光效果時,它們卻只能產生均勻照明。

其他種類的燈管包括單端型燈管;此種燈管設計將燈管一折為二,而安裝的部分只在整具燈管的其中一邊。這種燈管對小型水族箱來説特別好用,因為全長的燈管可能很難嵌進較小的箱蓋裡。這種燈管的光線輸出品質差別頗大,因此選購時要確定你買的是專為水族箱設計的那種。有些水族箱也會使用以螺絲拴住的燈泡,看起來很像一般家用的那種節能燈泡。這種燈泡雖可提供良好的照明,但卻可能無法輸出理想的光譜。如果你想為自己的水草提供最佳照明,那麼最好多方比較後再做決定。

金屬鹵化物燈對大型水族箱（50公分 /20 吋以上高度）及需要強烈光線的水草來説，是最好的照明選擇。這種燈比其他種類的燈都要昂貴耗電，但就光線的亮度及所能產生的光譜而言（每盞燈之功率為 70 瓦），卻沒有別的燈比之更優良。這種燈會組裝在反光鏡構成的匣子裡，能將所有的光線往下導向水族箱裡，因此非常具有指向性，且能產生強烈陰影和粼粼波光的戲劇性效果。除了昂貴外，金屬鹵化物燈的另一項缺點是，它的溫度很高，因此必須懸在沒有頂蓋的水族箱上方，如此方能讓燈光保持低溫，避免水族箱的溫度過熱。即便如此，水氣仍然會不斷從水族箱的水面蒸發，導致在室內其他地方產生不需要的濕氣凝結。選用這類燈管時，有些設計是將之安裝在一個鎖在水族箱或水族箱底櫃旁的龍門上，另一些則是將燈管直接固定在牆上或天花板上。雖然金屬鹵化物燈的光輸出很優良，但其本身的一些不利條件已指出它正逐漸在被 LED 燈所取代。

上圖：全光譜的 LED 燈不僅能在水族箱裡造成閃閃發光的效果，且能提供大範圍的不同波長，有利於水草、魚類、無脊椎動物等的生長。

上圖：如圖中所示，這種品質優良且高輸出的 LED 照明設備很昂貴但非常明亮，將來可能會取代大多數的水族箱照明設備。

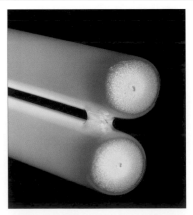

上圖：小直徑的日光燈能產出強烈的光，且可節省箱蓋內的空間。這種燈管是由一個電子啟動器（鎮流器）啟動，市面上可買到不同磷層的燈管。

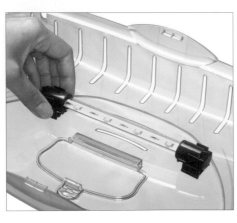

右圖：這個只有 20 公分長的 LED 燈管對家裡孩童所佈置的水族箱來説很理想。它的電壓低，因此在安裝與使用上都很安全。你很容易就可將它安裝在任何小型的水族箱裡。

上圖：像這樣的雙軸管比起兩支獨立的燈管要節省空間，且能產出更強烈的光。兩邊燈管還可製造成不同的燈色。

防水燈具和燈蓋

大部分安裝日光燈的水族箱，在其兩側都會有保護燈管用的防水燈帽，因此就不需要燈蓋或冷凝盤來預防水的噴濺或燈管上的水珠凝結。然而，有些燈具可能沒有這樣的防護設計，而只是安裝在一個用螺絲鎖在箱蓋上的塑膠燈蓋裡而已。選購水族箱時要注意，這樣的燈蓋一段時間後，就會變得不再清亮透明，進而降低了水族箱內的照明效能。你可能每隔幾年就得更換這樣的箱蓋，因此選購水族箱時最好選擇有品牌的，如此你才能確保可以輕易地買到更換用的蓋子。

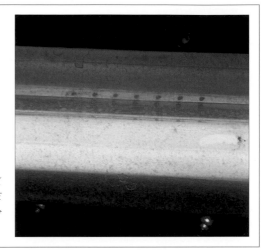

右圖：濺出的水所殘留的水垢、水藻的附著、以及經年累月使用後的損害等，都會妨礙光線進入水族箱的效能。

發光二極管（LED）

LED 燈集合了所有水族箱照明的特色和優點：低耗電（基本上一個燈泡一瓦）；可經過設計而發出各種光色；壽命長（十年）；能發出強烈光線而不產生高熱等。

水族箱的 LED 照明是相當新的科技，剛問世時價格令人卻步，然而，由於需求增加、製造與競爭等因素，如今價格，尤其把燈泡壽命及其低電耗算進去的話，已變得相當合理。水族箱的 LED 照明通常是整組出售，包含一組排成一排或呈正方形排列的燈泡，適用於任何形狀的水族箱及照明需求。你可將燈管安裝在箱蓋下面或懸在水族箱上方，這樣就能讓水面看起來明亮且有閃閃發光的效果。

下圖：水族箱照明用的金屬鹵化物燈通常組裝在如圖所示的燈具裡，然後懸掛在沒有箱蓋的水族箱上方。這種燈可提供很強烈的照明，但因為會產生高溫，所以四周需留有足夠的通風空間。

右圖：要加強射進水族箱的光線，最簡單的方式之一就是：在水族箱的箱蓋或日光燈管的蓋子裡裝上反光鏡。

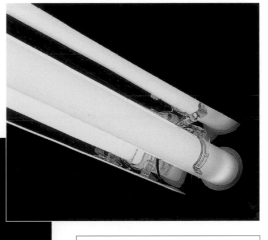

使用水族箱專屬的燈具

無論從安全或效能的角度來看，都要選用專為水族箱設計的照明設備。非水族箱專用的照明，不但無法提供水草的專業養護需求，也可能因靠近水面而產生危險。

照明系統的安裝

右圖：本書所示範的水族箱上方附有一座燈架，可以裝上兩支傳統的日光燈。

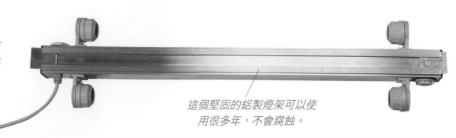

這個堅固的鋁製燈架可以使用很多年，不會腐蝕。

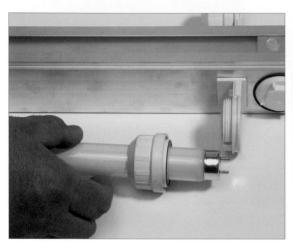

上圖：將燈管鎖圈上的釘栓對準燈架兩端的插口，然後再將它們推進去。

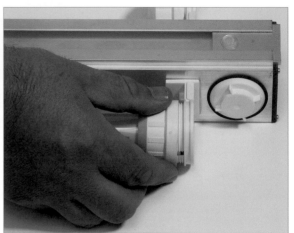

上圖：將兩端的鎖圈小心壓緊，以鞏固燈管的安裝。之後再套上有防水功能的端帽。

右圖：從水族箱上方俯視，可以看到燈架及安裝好的燈管。燈架與鎖在水族箱上方的邊框一體成形，都是鋁製的。

燈管的啟動系統（鎮流器）就裝在燈架的中間位置。

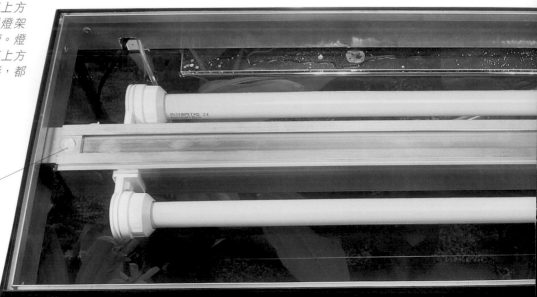

傳統安裝

長久以來的照明方式，都是將燈管安裝到燈架後透過跨線將之連接到啟動器（鎮流器）。

上圖：為免燈管受潮，用防水的端帽將跨線蓋住。將釘栓放在插口上，然後小心穩固地將之推進兩側的端帽。

上圖：從水草的角度來看，照明系統就是熱帶的天空，而提供唯一光源的燈便是替代的太陽。不同的水草對光線有不同的需求。這個水族箱對我們的眼睛來說也許顯得很亮，但對某些植物的生長而言，或許太暗。

認識水化學

我們的水族箱就要成為一個真正的小型水生環境了：裡面有一層肥沃的基質，可以滋養水草頭幾個月的生長；有石塊和木頭，可以給魚兒安全和庇護；有模仿太陽輻射能的照明；還有從尺寸適中的過濾系統流出來的溫暖的水。現在，只剩下魚還沒放進去。然而，在把魚放進去前，我們需要先考慮水質，這一點很重要。比起其他寵物來，魚類更依賴飼主對牠們整體生存環境的維護，甚至包括牠們所呼吸的氧氣。一般而言，魚是相當強壯的生物，但水質的惡化或突然的變化，都會嚴重影響到牠們的生存。有人說，養魚實際上是養水；魚自己會照顧自己。

如何將水保持在最佳狀態，並不難瞭解，但首先我們必須掌握水的成分與要素、魚對水會有何影響、以及該如何控制那些影響等。

上圖：*自來水是為了給人類使用而加工過的水。水公司所添加的化學藥品讓人類飲用時安全無虞，但對水族箱的魚來說卻很危險。使用前，請先做適當處理。*

將自來水處理成適合魚類的安全用水

自來水是最方便的水源，也是全世界大多數魚飼主所使用的水。然而，自來水是家用供水；為了適合人類使用，自來水公司在水裡添加入許多化學藥品，諸如氯和氯胺（氯和氨的混合物），以殺死有害菌。這些刺激性的化學藥品，即便劑量很低，也會對魚類造成嚴重的傷害，因為它們會破壞魚類脆弱的皮膚和腮膜。

因此，使用自來水作為水族箱水源的「黃金法則」是：使用前需先經過調節，無論是第一次將水族箱填滿時的水或未來定期保養時換的水。建議直接購買液體自來水調節劑；這種產品不僅能夠中和氯和氯胺，還能解決自來水一路送到你家的過程中所黏附的重金屬。而且最先進的產品含有蘆薈膠，既能給魚兒提供除了自身黏液層外的另一層保護，還可透過其中所添加的有益菌強化水的自然生物循環，讓體系均衡的水質維持潔淨清澈。

由於大型水族箱（2公尺/6.5呎寬）的體積龐大，需要大量的水質調節劑，因此，另一個選擇便是投資一具逆滲透淨水器。這種機器裡面含有一個半透膜，可以有效過濾所有溶解於水中的細微分子。其實，逆滲透過濾後的水乾淨到你必須添加一些礦物質才能夠給魚兒使用。逆滲透的機器很昂貴，而且濾心得不時更換。此外，經過濾滲透的水有 **85%** 成為廢水排出，而非成為乾淨的水以供使用，因此，相對而言是一

種浪費。如果購買逆滲透機器對你而言不經濟，那麼你可直接從水族店購買已經逆滲透的水。

上圖：*使用調節劑處理自來水，過程很簡單。只要依照產品說明，使用前將適當的劑量倒入裝在桶子裡的自來水即可。*

下圖：*逆滲透會將所有懸浮顆粒及溶解於水中的細微分子過濾掉。過濾後的水乾淨到你得添加一些鹽，才能給魚使用。*

什麼是酸鹼值（PH 值）？

從酸鹼值可以看出水是酸性、中性、或鹼性。酸鹼值的數字從 0 到 14：0 表示極度的酸，14 表示極度的鹼，7 則代表中性點。請注意，酸鹼值是以對數呈現的，每一單位的差異要乘以十倍。換言之，6 比 7 要酸十倍，比起 8 則酸 100 倍。

天然水的酸鹼值會因各種影響而改變，包括雨水經過空氣中時的汙染、雨水降落時的地面環境，以及地面下它所流經的石頭等。即便進入水族箱後，也有其它因素繼續在影響水的酸鹼值，例如自然過濾以及植物和魚的呼吸等。

切記：從第一桶水開始就要檢測其酸鹼值，而且要持續檢測以便維持酸鹼值的穩定。所幸，酸鹼值的檢測很容易，只要使用一個測試工具盒就行了。工具盒的種類很多，包括試紙、藥片、或液態測驗劑等。不管你選擇用哪一種方式，請

酸鹼值量表

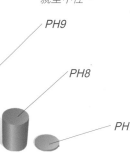

組成水的兩種元素（氫和氧）以帶正電的氫離子 (H^+) 及帶負電的氫氧根離子 (OH^-) 的狀態存在。酸鹼值所呈現的便是這兩種離子的相對數量。當水中的氫離子比氫氧根離子多時，水便會呈酸性，而當氫氧根離子的數量很多時，水便會呈鹼性。兩種離子的數量一樣時，水就呈中性。

PH9

PH8

PH7

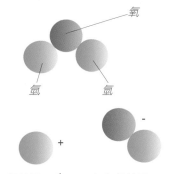

水分子

氧

氫

氫

$+$ 氫離子 (H^+)

$-$ 氫氧根離子 (OH^-)

酸鹼值是對數的，也就是說，每一單位酸鹼值的變化（例如從 7 到 8）就是十倍的差異，7 到 9，就是一百倍的差異，而 7 到 10，呈現的就是一千倍的差異。這也是為何突然的變化會對魚形成極大壓力的緣故。

截然不同的酸鹼值

一般水族箱飼養的魚類，其各自天然環境裡的水的酸鹼值可能有極大的差異。例如，七彩神仙魚住在南美亞馬遜支流酸鹼值為 6 的酸性水裡，而住在東非坦卡尼克湖裡的慈鯛則要在酸鹼值 8-8.5 的鹼性水裡才能健康茁壯。由於亞馬遜河的水比坦卡尼克湖的水酸一百倍，因此這兩種魚不會快樂地住在同一座水族箱裡一點都不奇怪。

皇冠六間

坦卡尼克湖的慈鯛住在強鹼性的硬水裡。

七彩神仙魚來自酸性的軟水區域。

確定它的操作要很方便、並且工具盒中附有與判定檢測結果相關的資訊。

水族店的專業人士應該能告訴你，你居家所在地的自來水是否適合你想要養的魚，或其酸鹼值是否需要調節以利你的魚隻的健康。

要改變水的酸鹼值，不是一件容易的事。一旦決定要某種水平的酸鹼值並飼養適合該酸鹼值的魚時，你就必須在每次換水時做適當的調節。此外，酸鹼值與水的「軟硬」度息息相關（後文將詳細討論），因此，這兩者不能分開處理。當水中的礦物質含量不多時，要改變其酸鹼值很容易（要維持其穩定性則很難），但礦物質含量高的水，卻會抵抗任何對其酸鹼值的改變。事實上，硬水的酸鹼值在被改變後，通常不久就會回復到先前的酸鹼值水平。但是，如果非改變水的酸鹼值不可，那麼直接購買市面上的各種產品回來使用即可。水族店裡所售的罐裝酸鹼值調節劑，對酸鹼值的變化便能產生立即的效果。

或者，你可利用天然的產品，如泥炭、木頭、欖仁葉等，透過它們所釋放的單寧酸來降低水的酸鹼值（使水變酸）。但單寧酸也會讓水變成金色或琥珀色，甚至在一段時間後變成深棕色，讓人覺得難看。若要提高酸鹼值，則可使用含鈣的石頭，如石灰岩等。不管你採取何種方式，改變水的酸鹼值都必須是逐步進行且持續監測的事。有鑑於這些因素，許多人喜歡飼養或種植適合當地自來水的魚類和水草，尤其剛開始的時候，而水族店的專家們都會很樂意給你這方面的建議的。

硬水與軟水

水所流經的石頭不但會決定其酸鹼值，也會影響其硬度。水的軟硬是由溶解於其中的礦物質來計量，主要是鈣和鎂的碳酸鹽和硫酸鹽。礦物質含量高的水就稱為硬水，礦物質含量低的則稱為軟水。

水的總硬度是由硬度（°dH）來計量，分為兩種：暫時硬度（可藉由煮沸將之移除）及永久硬度（無法移除）。市面上可購得測量水的總硬度及暫時硬度的測量工具。總硬度的範疇從 0 度（非常軟）到 28 度以上（非常硬）。

氮循環

水族箱是自然世界的一個縮影。透過細菌的幫助，氮循環會將充滿氮的廢物轉化成一系列愈來愈不具毒性的物質。

植物會將硝酸鹽作為食物來源隨時吸收，有效降低硝酸鹽在水族箱裡的濃度。

細菌（如硝化菌）能將亞硝酸鹽轉化成硝酸鹽（NO_3），而後者對水族箱裡的魚較不具傷害性。

將氮含量豐富（如蛋白質）的食物消化後，魚會從它們的鰓以及尿液與糞便釋出毒性很高的氨。分解生物物質，如殘餘的食物和枯葉等，也會增加水族箱中的氨含量。

生物過濾器裡以及水族箱內部的塗層所含的細菌（如亞硝酸菌），都會將氨轉化成亞硝酸鹽（NO_2）。即便濃度很低，亞硝酸鹽仍然很危險。

對水族箱所做的任何化學處理，都可能會降低過濾器裡硝化細菌的含量。使用期間與使用後，一定要檢測水質，以確保不會對魚造成不當的壓力。

使用家用清潔劑時若太靠近水族箱，也可能導致過濾器裡的細菌消失殆盡。在水族箱附近使用傢俱拋光劑或玻璃清潔劑時要小心，且絕不能將之用在水族箱的箱蓋上，因為那裡受到汙染的風險最高。

如果你發現水族箱裡的氨與亞硝酸鹽含量不明原因地升高，那麼請仔細檢查水族箱裡是否有死魚或殘留餌料，因為這些都會造成水質的突然惡化。

改變水的硬度是可能的，但得緩緩進行。你必須瞭解的是，改變的過程將會牽涉到其他的水質變數，如酸鹼值等。切記：無論你想將水調節成何種硬度，此後你都得讓水永遠保持那個硬度。增加水的硬度相當簡單：任何含鈣的東西（例如石灰石）都幫得上忙；你也可直接購買為此目的而設計的產品，將之加入水裡後，便能安全且有效地提高水的礦物質含量。軟化水則使用逆滲透即可（請參閱第 90 頁），或使用水質軟化松脂，後者比逆滲透便宜。你也可以用雨水來稀釋硬水。雨水完全沒有硬度，因為它不曾流經石頭，所以也不會有任何的礦物質含量。可惜的是，雨水會攜帶汙染，尤其

游離氨與離子化氨

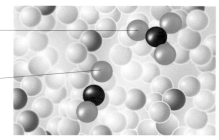

游離氨 (NH₃) 含有一個氮原子和三個氫原子。

氨的氮原子會從水 (H₂O) 吸引一個氫原子過來。

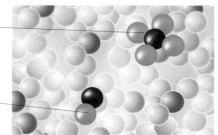

氫原子連結氮原子，賦予新組成的銨離子 (NH₄⁺) 正電荷。

少了一個氫離子後，水分子就變成了一個帶負電的氫氧離子 (OH⁻)。

在過度開發的城市地區。對雨水若有任何疑惑，可利用碳將雨水過濾後再使用。

隨著水族箱漸趨完善，有些過程，如氮循環等，會逐漸移除水中的硬度並降低其酸鹼值，因此，你必須透過工具定期做檢測。水質愈硬，變化的過程就愈緩慢。

在多數的天然環境裡，水的酸鹼值與其硬度是息息相關的：軟水的酸鹼值低，而硬水的酸鹼值高。在你的水族箱裡，水的軟硬也顯示了其酸鹼值的穩定度如何。軟水的礦物鹽含量低，對本就容易下降的酸鹼質的改變缺乏抵抗力（緩衝力）。而硬水因礦物鹽含量高，緩衝力較強，其酸鹼值便相對可保持較大的穩定。

不同種類的魚和水草對水的軟硬度也有不同的需求。一般而言，多數水草喜歡稍軟的水，因為軟水含有較多的二氧化碳。不過，你可請教水族店裡的專家；他們對當地的水質

應該相當瞭解，一定樂意告訴你哪種魚適合當地的水質，或建議你該如何改變水的硬度和酸鹼值，如若你特別想飼養某一種魚的話。

氮循環

想要成功地飼養熱帶魚，其中最重要的一個關鍵就是瞭解氮循環——那是全世界水生環境裡都會發生的一個自然過程。此循環裡的主要混合物都含有氮 (N₂)。我們所呼吸的空氣裡有 80% 是由氮組成，而氮本身是一種無害的惰性氣體。然而，氮與氫結合後，便會產生氨 (NH₃)。氨是一種毒性很強的物質，即便是很低的濃度，也會很快就殺死你水族箱裡所有的魚。這是打破氮循環的一個方便的點（雖然有點戲劇性），且可探查氨是如何被逐步轉換成一種較不具毒性的混合物，直到整個循環重新開始。

生命也會毒害自己

自然界的所有植物和動物都會呼吸，利用氧氣來釋放它們從食物（包括富含氮的氨基酸及蛋白質）所獲得的能量，並排放有機廢物。植物透過枯葉和莖梗的腐敗製造有機廢物，速度較緩慢。水族箱裡的魚經由呼吸的直接副產物，積極地透過自己的鰓釋放有機廢物，速度快許多。魚也會以少量的尿及固體糞便的形式，來製造有機廢物。以上這些所有廢物都會在水裡形成游離氨，而這對住在其中的生物而言，都是一種潛在的自我毒害。

救援的細菌

當然，大自然不會容許生命毒害自己。跟所有的自然循環一樣，對某組生物來說是廢物的東西，對另一組而言就是食物。水族箱（以及所有水生環境）裡的救援隊都是由細菌所率領；細菌會消耗氨並利用氧將之轉化為亞硝酸鹽 (NO_2)——這個過程稱之為硝化。以往，這些好氧性的細菌被認為是一種亞硝酸細菌，但現在我們已經瞭解，不同種類的細菌在不同的地方變化很大，因此它們現在被統稱為「氨氧化細菌」。壞消息是，亞硝酸鹽雖然比起氨來毒性較弱，但即使在微量下，它仍然很致命。好在，另一組好氧性細菌——以前叫做硝化細菌，現在統稱為「亞硝酸氧化細菌」——會藉由氧將亞硝酸鹽轉化成硝酸鹽，而後者就幾乎沒有前者的毒性了。

循環的運轉

硝酸鹽的產生給循環提供了運轉的動力。植物利用硝酸鹽作為其成長用的食物，而硝酸鹽所含的氮在與氨基酸及蛋白質合併後，便組成了葉子和枝幹的結構。當植物死亡、腐敗，或被魚吃掉時，其所產生的廢物會將氨排入水中，而這時就會展開另一次的氮循環。

毒性物質有多毒？

游離氨 (NH_3) 非常毒，很容易就會從血管進入組織和大腦，造成傷害及行為障礙。只要 0.02ppm（百萬分之二）或每公升 0.02 毫克以上的濃度，就會毒死魚。水裡只要有任何含量的氨，當溫度和（或）酸鹼值增加時，游離氨的比例就會升高。而在較涼爽、較酸的水裡，較不具毒害的離子化形式的氨則會增加。因此，成功養魚的黃金法則是：氨的濃度必須是零。

亞硝酸鹽會跟魚血液裡的攜氧色素血紅蛋白結合，以防止其紅細胞對氧的吸收。（受到影響的血液會從「健康」的紅色轉成「遭破壞」的棕色。）亞硝酸中毒的魚，其典型徵兆

左圖：採取水樣時，請選擇一個乾淨的小測試瓶，然後在水族箱取出的水裡涮一下。若用自來水沖洗的話，測試的結果可能會失真。

下圖：測試通常以 5 或 10 毫升的水樣開始。為了獲得準確的結果，務必讓水面與瓶身所印的線在同一個位置上。

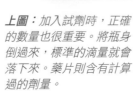

上圖：加入試劑時，正確的數量也很重要。將瓶身倒過來，標準的滴量就會落下來。藥片則含有計算過的劑量。

做紀錄

在佈置水族箱的頭幾個星期，你要記錄各項檢測的日期及結果，以備未來之需。如果水族箱的維護發生問題而你想要請教水族店的專家時，這些珍貴的數據就可派上用場了。

酸鹼值測試

酸鹼值的測試會指出你的水有多酸或多鹼。試紙有顯示廣範圍數據（如圖示）和小範圍數據兩種。在水族箱的整個壽命裡，你都要持續測試其中水的酸鹼值，因為像生物過濾這樣的持續性運作，在一段時間後便會影響水的酸鹼值。

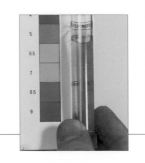

檢測水硬度

你所使用的測試工具必須能同時標示暫時硬度和總硬度兩種，如此方能提供你的水化學之全貌。多數的檢測工具都只有簡單的顏色變化而已，而改變水樣色彩所需的滴數即會顯示出其硬度。

氨、亞硝酸鹽、硝酸鹽

檢測這些物質時，最好的方法是將它們一網打盡，如此檢測之結果方能顯示出水族箱裡的生物狀況之全貌。如果你只是測試氨的含量且很高興的發現其數據是零，但水裡的亞硝酸鹽的濃度卻可能很高，這時你的魚就會遭殃。在將第一批魚放進水族箱後，你就得每天做水質測試，直到氨和亞硝酸鹽的濃度都在掌握之中。之後，每加入一種新的魚，你都要重複同樣的測試，以確保水族箱的生物平衡持續不斷。只要放入新的魚，就要持續做一個星期的檢測。

右圖：此總體氨檢測所呈現的數據是每公升 0.4 毫克（0.4ppm）。這個短期的有毒濃度，在過濾器細菌開始作用後，便會下降。

下圖：檢測結果為每公升 0.25 毫克的亞硝酸濃度，對某些種類的魚就可能致命。為保魚兒的安全，必須將檢測的讀數降到零。

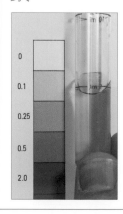

右圖：硝酸鹽的濃度可能變得很高，尤其在水草稀疏的水族箱裡（水草會充分利用它作為肥料）。這個每公升 25 毫克的檢測結果相當典型，在多數水族箱裡也是安全的。

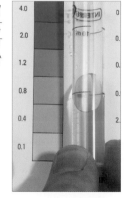

浸泡測試

浸泡測試所利用的是前端含有一小片試劑的紙條或塑膠條。將測試條浸入水樣後，它們便會因測試結果而變色；這時，你可對照測試包裡所提供的幾組參考數據來比較其顏色變化。雖然新型的一次性測試工具對水測試來說很便利，但長期而言卻不是最好的選擇，因為測試條遭到汙染的風險相當高。

下圖：將測試條直接浸入水族箱裡。

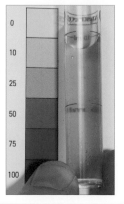

右圖：將呈現的顏色與圖表上的顏色做比較。這個測試結果顯示：水的硬度是 14 度。

磷酸鹽

如果水族箱出現嚴重的水藻問題，建議你做磷酸鹽測試。有些磷酸鹽可能隨著自來水進入水族箱。它是魚糧的成分之一，但假如它的濃度高於水草所能將之利用作為肥料的水平，那麼其過量的部分便會成為藻類迅速滋長的養份。如何測試磷酸鹽，請參閱第 148 頁。

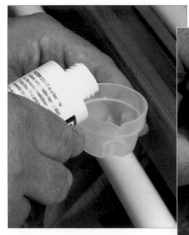

上圖：小心地給你的過濾器計量出其所需的過濾器啟動產品，數量要精確。請務必遵照產品所附的詳細說明來操作。

右圖：將量好的數量直接倒入水族箱中。這類產品富含異養菌，能夠促進有益菌的生長，進而處裡水裡的含氮廢物。

生物過濾器的運作

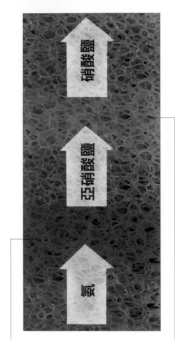

氨氧化菌會在泡沫膠裡繁殖，然後將氨轉化成亞硝酸鹽。

當亞硝酸鹽的濃度增加時，硝化菌便會將它轉化成較不具毒性的硝酸鹽。

就是牠們會浮在水面喘氣。這並不是水裡缺乏氧，而只是魚覺得窒息，因為牠們的血液無法攜帶足夠的氧。如果你看到這種情形，務必馬上採取降低亞硝酸鹽濃度的行動，如換水等（請參閱第 150 頁）。對不同種類的魚，亞硝酸鹽的致命濃度也不同，但每公升 0.2 毫克的濃度絕對致命。再次強調，水族箱裡唯一能接受的濃度是零。

比起氨和亞硝酸鹽來，硝酸鹽的毒害較低。高濃度的硝酸鹽會對幼魚和魚苗造成健康方面的問題；不過，最主要的問題卻是在於，水族箱裡會滋生出討厭的水藻。硝酸鹽是植物的主要養分之一，過度的硝酸鹽肥會激發各種藻類的生長大爆發，很快便將你的水族箱弄得一團糟。硝酸鹽的濃度一定要控制在每公升 50 毫克以下，這一點很重要。健康的水草族群可以將硝酸鹽的濃度維持在每公升 10 毫克以下。

檢驗你家自來水的硝酸鹽含量是養魚不可或缺的步驟，因為將自來水倒入水族箱時一定會攜入某種含量的硝酸鹽。自來水裡的硝酸鹽來自農業用的肥料，被沖進水的供應鏈裡，最後送進你家的水管。

如何測試水質

想要佈置一座成功的水族箱，掌握其水質條件是至為重要的關鍵。其中不可或缺的步驟便是測量、紀錄、並比較幾種能夠呈現水質特性的數值。在這一單元裡，我們要觀察的便是水測試的實際細節，而要獲取的主要參數從酸鹼值到硝酸鹽濃度都有。

正確使用測試工具

現在市面上所販售的測試工具，不但容易操作且能提供精準的測試結果。最受歡迎的測試方式，其步驟很簡單：將液體或藥片狀的試劑加入預先取好的水樣，然後再將測試結果與工具盒裡所附之圖表相對照即可。能同時呈現多種數據的「即時效果」浸泡測試條也很普遍。若想獲取一致性結果，藥片試劑或許是最佳選擇，因為每一藥片所含之劑量，都是經過精確測量的。

如果你使用的是測試小瓶，那麼請先用水族箱裡取出的水將其內部沖洗一下再使用。此外，當你將意欲測試的水樣量（通常是 5 毫克或 10 毫克）填裝入小瓶後，切記要檢查水

面的下方是否位於 5 或 10 毫克的記號上。這個動作可以儘量確保測試的準確度。接著,將藥劑瓶完全倒轉然後緊握,以確定從滴管滴出的劑量一致。不一致的滴量會影響測試結果,無法提供你準確的讀數。

測試完成後,務必將測試瓶洗淨、晾乾,並收放到孩童不會觸及的地方,因為水測試的藥劑可能對人體有害。測試工具也必須存放於陰涼處,如此不但能夠維持化學藥劑的穩定,也可避免參考用的圖表紙因陽光照射而褪色。藥劑使用完後,買新的回來注滿即可,不需花費太多的錢重新購買一整組。

第 94-95 頁所示範的水測試,是照顧水族箱的例常步驟中最重要的方式。

過濾器的完善

我們已知,氮循環是大自然處理自己廢產物的方法。然而,在高度管理的水族環境裡,我們必須有效地控制氮循環細菌的清潔能力,以便它們能夠處理住在水族箱中的生物所產生的廢物。

過濾器如何運作

分解含氮廢物的硝化菌會覆蓋

在水族箱內所有的玻璃表面上,但其數量並不足以控制魚群所排出的廢物量,這就是為何水族箱需要生物過濾器的原因。本書所示範的水族箱使用的是藍色過濾泡沫膠;這種過濾介質能在小巧的空間裡提供巨大的表面積作為細菌成長用。最終,當細菌繁殖增長、填滿所有過濾泡棉並能控制魚群所排出的廢物量時,氨和亞硝酸鹽的測試讀數就會為零。不過,硝化菌的成長速度很慢;要讓菌量累積到足以處理水族箱裡的廢物,可能需要六到八週的時間。這對於急著想觀賞魚兒水中游的我們來說,等待的時間有點長。

為了縮短這個冗長的等待,我們可以採取幾個動作。首先,我們需要加入先鋒菌以啟動過濾器裡的細菌繁殖,並

且要給它們提供成長所需的足夠養分。由於從一種產物轉換到另一種產物的順序(氨、亞硝酸鹽、硝酸鹽)就稱之為氮循環,因此,我們所要促進的過程當然必須是一個循環。循環的形式有兩種:一種是有加入魚的循環,另一種是沒有加入魚的循環。不管有沒有魚,在這兩種過程裡,同樣的循環順序都會發生,只是速度不同。過濾器裡的細菌可能需要二到三週的時間才能繁殖到足夠的數量,這時間似乎有點久。但在這段期間,你可對水族箱裡的佈置做最後的調整,水草也可趁機成長並生根穩固。如此一來,當水族箱裡的水質安全無虞而你也可放心地將魚放進去時,水族箱、魚群、水草、以及你自己,都將會對全體狀態感到非常開心滿意。

右圖: 只要魚和水草的數量正確,以及擁有能夠維持水質完美的良好過濾系統,那麼要建置一座健康漂亮的水族箱並非難事。一旦水中的狀態獲致平衡,定期檢測水質便成了最重要的事,因為魚群和水草都會成長,而水族箱亦會漸趨成熟,在這整個過程中,許多細小的改變都會自然發生。只要每週更換水族箱裡 *10%* 的水,應該就能抵消大部分的改變。

我該用哪個方式？

這個曲線圖所呈現的即是循環的一般次序。過濾器細菌的數量與活動，可透過水測試（以得知其所處理的產物）來判斷。當氧化菌繁殖後，它們會將氨轉化成亞硝酸鹽，因此，亞硝酸鹽濃度升高的速度與氨濃度下降的速度是一樣的。最後，當亞硝酸鹽被硝化菌轉化成硝酸鹽時，它的濃度同樣也會下降。當硝化菌的數量穩定後，過濾器就可被稱之為「熟化」或完全循環，這時，水族箱的水對魚兒來說就是安全的了。然而，這個曲線圖只是個指南。每一座水族箱都是獨一無二的；它們的水質、溫度、基質、甚至水草密度等，也都不一樣。但最後，結果應該是相同的：沒有氨、沒有亞硝酸鹽、以及一點點（但逐步上升的）硝酸鹽濃度。要到達這一步，其過程可能有加入魚或完全沒有魚這兩種方式。

第一種方式是，將一些生命力強韌的魚放進水族箱裡；它們會給過濾器提供其開始運作所需的氨。這個方式最簡易，因為它所依靠的便是魚隻不斷給過濾器提供廢物。這種作為「啟動魚」的魚種，比較能容忍不夠優良的水質。不過，這種循環方式已經愈來愈不受歡迎了，因為很多人對於將魚放入不完善的環境裡，覺得不恰當。此外，這類生命力強韌的魚也許並不是你想要在你的水族箱裡飼養的魚。總之，還有其他不需要用到魚的方式，只是需要較長的時間及更多的努力而已。

沒有魚的循環

任何一座淡水水族箱（例如你某位朋友的），在其過濾器裡及基質上都會有幾十億的細菌存活著。你只要從中剝下一小塊老介質，然後將它「種」進你的水族箱過濾器裡，便能夠啟動細菌的繁殖了。其實，保養水族箱的其中一個步驟就是清洗機械過濾器（如裡面的玻璃纖維和泡棉），而清洗後的汙水也是啟動過濾器的絕佳媒介，因為汙水裡同時含有廢物（細菌的「食物」）及數量龐大的細菌。但是，你得審慎選擇你想從中擷取細菌的水族箱：它不可以有疾病史或蝸牛。當細菌繁殖時，你必須持續給它們提供養分，而這個你只要每隔幾天加入少量的魚糧即可。魚糧會分解，釋放出氨，然後氨便會被引入氮循環裡。即便是你栽種的水草也會帶入有益菌並透過掉落的葉片來提供食物。如果這些步驟聽起來都太隨意，製造商也已經為此開發出許多產品，將這個過程標準化。這些產品包含不同種類的細菌及其所需的食物。你只要定期將它們投入水族箱裡直到水質完全熟化即可，也就是：氨和硝酸鹽的濃度都曾到達頂峰，並降落到零。

這些產品種類很多，其內容物、多久添加一次、以及培養的是哪一種有益菌等，各自不同。硝化菌跟很多細菌不一樣，它們沒有休眠期，因此必須維持在活躍的狀況下才能存活——但這個根本不可能，如果裝細菌的瓶子已經在商店的架子上放了好幾個星期的話。有些工廠透過精密的生物化學和科技進步，似乎已經完成了這個挑戰。在水族店中，這些活菌培養有時會被存放在冰箱中以延長其壽命。而其中最佳的產品，效能顯著，你可以在將之加入水族箱後才幾天，就可以放進你所預備飼養的第一批魚。這樣的產品如此受歡迎，不難理解，而且廠商也不斷在開發新的菌種。你所光顧的水族店一定很樂意在這方面給你提供充分的建議。

左圖：在將魚放進水族箱前，水族箱的水必須達到能夠養魚的最佳狀態，而要達到此狀態可能需要好幾個月的時間。但趁那段時間，你正好可以用來考慮自己最先想飼養的是哪種魚。

不管你決定如何啟動你的水族箱的循環，最關鍵的是，你一定要定期測試氨、亞硝酸鹽、和硝酸鹽，並記錄下每次的測試值。觀察這整個過程的發展，是一件很令人興奮的事，因為你知道你可以把魚放進去的日子不遠了。

在循環逐漸熟化的過程中，定期換水這個動作已經有愈來愈多的人在採用。這樣做或許會稍微減緩氮循環的過程，但卻可避免藻類的猖獗。水族箱剛建構時，水裡基本上含有大量的養份，因為植物尚未生根滋長。此外，氨與亞硝酸鹽本身也可作為肥料。這時，很可能發生的事情就是：生長速度非常快的水藻會利用這個短暫的養份暴漲期，在水族箱裡迅速地繁殖。最終，當水族箱的循環成熟了，而水質也穩定時，水藻的生長便會受到其他強勢植物的壓制。為了完全抑止這件事情的發生率，許多人寧願在頭幾個星期進行固定的（甚至每天）更換水族箱裡 10-20％的水量。

解決氨的問題

即使微量，氨也會迅速造成健康問題。當水族箱的循環成熟後，氨就不應該再出現，因為它會不斷地被轉化成亞硝酸鹽。當你做例常的水測試時，如果發現水裡含有氨，那麼有可能是發生了以下幾個問題。通常是過度餵食，或比較少見的，有魚死掉了。你若一次放入太多條魚，這問題也可能發生：過濾器需要一些時間才能提升自己對付新產生的氨的能力。氨濃度升高的另一個原因是：過濾器無法處理尋常的廢物量。這可能是細菌多少遭到破壞之故，例如，停電就會耗盡過濾器裡的氧，導致數以百萬計的細菌在二十分鐘內死光光。許多水族箱的維修處理也會對過濾器的細菌造成影響。無論過濾器遭到哪一種破壞，它都需要時間來恢復。實際上，你就好像從零開始

> ### 清澈的水也可能致命
> 我的水族箱很清澈，所以裡面的水應該沒問題，為何我仍然需要使用測試工具呢？這個問題每位水族店的專家都聽過一百萬遍。答案很簡單：氨和亞硝酸鹽這種致命的毒素是肉眼看不見的！即使水很清澈透明，也可能很致命，能在幾分鐘內就毒死了魚。確保水質的唯一方式，便是使用測試工具。這些工具都很容易操作，且價格低廉。你不需花太多金錢，便可拯救自己所飼養的魚及水族箱裡的其他生物。

下圖：硝化的過程都是固定的順序，但它所花的時間以及每個「高峰」的濃度，則因不同的水族箱而異。

水族箱的氮循環

*第 1-5 天*水族箱中的廢物開始腐敗，釋放出氨。由於氨氧化菌的菌量尚不足，氨的濃度便逐漸升高。

*第 5-10 天*氨氧化菌開始繁殖，一邊消耗氨一邊將之轉化成亞硝酸鹽。當氨的濃度下降時，亞硝酸鹽的濃度則上升。

*第 10-18 天*當亞硝酸鹽的濃度上升時，亞硝酸鹽氧化細菌因為有了較多的「食物」而數量激增。之後，亞硝酸鹽的濃度下降，而硝酸鹽的濃度上升。測試水質時，當亞硝酸鹽濃度的讀數持續為零時，那麼這時的過濾器就是所謂熟化了。硝酸鹽的濃度會不斷升高，因為它們是整個循環過程中的最後一步。因此，你必須定期換水（每週一次）來將之移除。

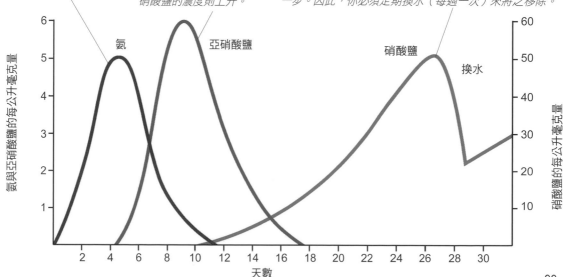

氨與亞硝酸鹽的每公升毫克量

硝酸鹽的每公升毫克量

氨　亞硝酸鹽　硝酸鹽　換水

天數

氨的產生

所有生物都需要利用氮來製造蛋白質，而蛋白質則被用來製造生物本身從肌肉到賀爾蒙時所需的一切。魚類也是將蛋白質作為能量的來源，而在利用蛋白質的過程中，它們會釋放出廢物。魚類所製造的氮廢物，其中90%是從它們的鰓排放，而這些氮廢物的絕大多數（85%以上）是以氨的形態存在。在龐大的水域裡，氨會被稀釋到幾乎消失無形的地步；但在水族箱裡，水量比較少，因此氨就可能會累積到對魚形成毒害的濃度。氨這麼可怕，主要在於它會造成多方面的傷害：它會阻礙血液對氧的輸送；它對細胞具有毒性；它會刺激皮膚和鰓的黏膜；它也會抑制魚類平衡自己體內鹽濃度的能力。由於具有這麼多層面的毒性，我們不難理解，為何即使只是極少量的氨，都會對魚造成影響。如果經過測試後，你發現水裡含有氨，那麼請立即採取行動，以便將它對魚的傷害降到最低。

在逐步培養你的細菌群。當然，在菌數足夠之前，水質有可能不佳。所幸，如今市面上有許多產品可以非常有效地將氨吸收或中和掉。其中，最好用的便是氨中和劑。使用過中和劑後，水中仍會有氨為細菌所用，但它不會以對魚隻有毒害的型式存在。你若一時無法買到能夠吸收或中和氨的產品，那麼為了避免水族箱受到氨毒的破壞，只要勤加換水即可。

下圖：多齒米蝦是淡水蝦的一種，目前愈來愈受到水族人士的喜愛。只要避開太酸、太鹼、或太硬的水，這種蝦對水質的要求並不高。然而，它們對氨和亞硝酸鹽非常敏感；因此，在水質成熟穩定前，切勿將牠們放進水族箱裡。

做氨的濃度測試時，有一點很重要：它的讀數必須跟水的酸鹼值放在一起參考。如果酸鹼值小於7（換言之，稍酸），那麼水族箱裡的氨事實上就會以不那麼具毒性的形態存在，而這種型態就稱作銨。由於氨和銨在化學成分上很類似，測試工具無法將這兩者區分，以致測試結果可能乍看時很危險。這就是為何評估氨的測試結果時，一定要參考水的酸鹼值之故，因為唯有如此才能鑑定水族箱裡是否有任何的氨是以具毒性的形態存在。無論如何，你都要找出氨濃度升高的原因，並將那些原因排除。

解決亞硝酸鹽的問題

跟氨一樣，亞硝酸鹽絕對不能出現在已經佈置好的水族箱裡。如果出現了，那麼可能有幾個原因。當然，任何的氨（過量餵食、死魚、或過濾器壞掉等因素所造成）最後都會變成亞硝酸鹽。之前我們討論過幾種負責排除氨和亞硝酸鹽的不同細菌。這些細菌中，每一種都有其不可或缺的存活需求及其所處理的廢物等。比起氨氧化菌來，亞硝酸鹽氧化細菌對低氧濃度和較低的水溫（25°C/77°F以下）都更敏

上圖：被人從水族店裡的魚箱撈出來、再放進你家的水族箱裡，這對魚而言，可能是牠一生中最具壓力的一件事。因此，請務必小心處理，並確認你所提供的水質是適當的。

上圖：活性碳可以有效地移除水裡的多種毒素，但卻無法移除銨、亞硝酸鹽、硝酸鹽、及磷酸鹽。過濾器裡裝在透氣袋中的松脂，也可以移除許多種化學物質。

感。因此，如果斷電，當過濾器裡沒有含氧的水經過且加溫器停擺時，那麼氨氧化菌就會比亞硝酸鹽氧化細菌受到更大的破壞。其結果便是：亞硝酸鹽濃度升高的速度會高於氨氧化菌處理它的

速度。所幸，跟氨一樣，市面上也有不少能夠吸收過量亞硝酸鹽的產品。有些是顆粒狀或松脂狀，有些則是液態。這些產品的效能都很不錯，能夠在一夕之間就將亞硝酸鹽排除。於此期間，經常換水也能有效控制亞硝酸鹽所可能造成的危險。

解決硝酸鹽的問題

硝酸鹽是氮循環的最後一個產物。如果沒有將它消耗掉的話，其濃度很快就會上升。所幸，比起氨及亞硝酸鹽來，硝酸鹽幾乎不具破壞性。但它並非完全無害：濃度高時，硝酸鹽不僅會對魚產生壓力，也會引發某些藻類的激增，因此，你最好將硝酸鹽的濃度控制在每公升 50 毫克以下。你可藉以下幾個方式來獲致這樣的穩定。有些硝酸鹽會被存活在水族箱完全無氧的區域裡（如石礫的底部）的小群特殊細菌完全利用，而植物也會消耗硝酸鹽。在某些水族箱裡，這些通常已足以維持硝酸鹽的低濃度。但多數水族箱則需要一點幫助，

例如透過化學過濾器裡的介質以及定期少量換水等。如果你家水族箱裡的硝酸鹽濃度仍然高於每公升 50 毫克，那麼你可能就要借用硝酸鹽吸收劑、或能夠將其濃度降低的其它處理方式。

解決酸鹼值和硬度的問題

水族箱裡的所有過程 —— 魚、細菌和植物的呼吸，以及氮循環、木頭的物質釋放等 —— 都會使得水質慢慢地變得愈來愈酸。酸產生之後，會被水裡能增加水硬度的礦物質中和掉（請參閱第 92 頁）；但在這個過程中，水的硬度也會被消除。因此，水的酸鹼值和硬度都有可能在毫無預警下忽然降低。要預防這個問題，只要定期更換水族箱部分的水即可，因為換水不但能將多餘的酸移除，也能給水增加硬度。但如果狀況太糟糕，那麼你就得將水族箱裡大部分的水換掉，如此才能讓水質恢復正常。請確保水族箱裡的水擁有一定的硬度。逆滲透的水或雨水，在增加水的硬度上，毫無幫助。

讓水族箱「活」起來

在水族箱完成初步建構後的第三週，水草正快樂地成長，不同區域裡的水草品種也開始融合在一起。如果某些水草似乎沒有長得很茂盛，不必擔心。水草的成長速度會因品種而異；不用多久，當所有的植物在自己的新家安頓後，它們就會完全蓬勃發展。為了讓水族箱保有無汙染的狀態且水質清澈、沒有水藻孳生的痕跡或其他問題，你要趁這個階段制定出一套水族箱的維護保養政策。這是一個重要且務必養成的習慣。雖然平常只是一些小規模且固定的工作，但這卻是一名成功的水族人士不可忽略的習慣。當然，希望你的付出對你而言是一種樂趣，而非令人厭煩的差事。

　　在你把手臂伸進水族箱前，請務必將電源關閉。如果水族箱裡的水很滿，那麼先取一些出來，否則當你將手臂伸進去時，水會溢出來，而這不但會把周遭弄得亂七八糟，也可能造成危險。從第三週起，我們也要開始進行水族箱的佈置中最令人興奮的一個步驟了：藉著放進第一批魚，我們要讓水族箱「活」起來。無論這件事有多誘人，請勿一次就買回所有你想要飼養的魚。請遵照本書第 108 頁起所提供的指導。

在佈置水族箱的第二天結束前種下所有水草後，就放手讓它們自己去安頓下來（上圖）。之後，植物開始扎根；現在，植物已經明顯蓬勃生長（右圖）。

植物會給我們這個栩栩如生的圖像提供一個架構;在此架構
裡加入一些精心挑選的魚後,它就會變得更加生動漂亮。

清潔水族箱

植物的生長是水族箱生機蓬勃的
證明，但這也表示較微小的生命
型式，例如藻類，也正在水族箱
裡努力地尋找其立足處。如果你
仔細觀察水族箱的前側玻璃，或
許就會注意到上面出現了一些綠
色的斑點，不僅在玻璃上，連石
頭以及其它設備上也都有。對付
這種點狀藻類，你可以用一塊過
濾用的玻璃纖維將之清除。這類
玻璃纖維很好用，即使是頑固結
殼的水藻，你也能利用它輕易將
之刷除。水藻刮除板及
帶有磁性的水藻刷則是
比較進步的水藻清除工
具。設計良好的水藻刮
除板應該有點彎曲的角
度，讓你能夠清理到水
族箱的角落，並且容易
使力。使用帶有磁鐵的
水藻刷時，只要將有磁
鐵的那塊對著放在水族
箱裡也有磁鐵的另一塊
刷子，然後從外面移動
它即可清潔玻璃內側。
貼在水族箱內的那塊刷
子附有一條細繩，如果
沉下去的話，你可以把
它從箱底拉上來。有些設計則會
在水族內的那塊刷子裡附有氣
袋，如果與外面的那塊磁鐵鬆脫
了，它便會浮起來。

*上圖：*只要一組帶有
磁鐵的水藻刷，你就
能將水族箱內面的玻
璃刷得乾乾淨淨且不
用弄濕你的手。

*上圖：*一定要使用專門為水族箱設計的清潔用品。
圖中所示的水藻刷布不含化學物質，也不會刮傷
玻璃，不像一些看起來與之類似的家事清潔用品。

修剪植物

有些植物生長旺盛，偶爾需要修
剪。體型較高的植物，如水蓑衣
之類的，常常會往錯誤的方向生
長，如果不予修剪，最終便會破
壞水族箱的整體景觀。只要一把
剪刀就可以輕易解決這個問題
了。下刀的地方一定要在莖節

*右圖：*使用一端有手把
的菜瓜布，是清潔玻璃
的另一個方式。菜瓜布
的粗糙表面可以安全地
清除頑固的汙點。當水
族箱的玻璃看起來很乾
淨時，那表示它有受到
良好的保養和照顧。

（葉子與梗莖連接處）的上方，如此便能刺激葉子下方長出新的葉芽來。運氣好的話，新的葉子就會往正確的方向生長了。

有些前景區植物會長得很高，必須定期修剪來控制它們。這座水族箱裡的矮珍珠就是如此。修剪的目的就是要確保它們長得茂密但不要長得太高或遮掩住後面給魚兒預留的游泳空間。

這時也是你順便照顧種在背景區裡的大葉植物的時候了。用剪刀將那些腐敗的、上面卡住太多水藻的、或老舊的葉子統統都剪掉。修剪時，請儘量靠近植物的底部下刀，但切勿傷到新冒出的的嫩葉。

上圖：這座水族箱前景區左側的矮珍珠長出了一些較長的莖葉。為了維持它茂密的樣子，請用一把銳利的剪刀將過度成長的那些莖葉剪掉。

左圖：水蓑衣也需要修剪。剪掉過長的莖葉前，先想想要在哪裡下刀。從莖節的上方處剪下，可激發植物長出新的、茂密的葉子。

下圖：這一條長莖梗長到旁邊去了，破壞了整體景觀的樣子。請把它剪掉。你可以將剪下的那些莖葉種到別處去填補佈置的空隙。

處理大型植物

左圖：在剪掉如皇冠草這種大葉植物的莖葉時，要儘量靠近整株植物的底部下刀。如此不但能夠刺激新葉子的成長，也是維持葉相茂密的一個方式。

下圖：這片葉子上已經有水藻附生，因此要把它剪掉。通常較老、較大的葉子會先凋萎，這真是可惜，因為它們可是剛種下時最迷人漂亮的葉子。不過，新葉子很快就會取代它們了。

左圖：將這個玻璃尚未清理、植物也還未修剪的景觀與下圖整理過後的景觀做比較，便看出了其中的趣味性。假如你忘了修剪水草、控制其生長，那麼較強韌的品種就會淹沒那些體型較小、較不健壯的品種。

下圖：即使會再度暴露出木頭、石塊及機器設備等，也不要害怕剪掉那些亂長或已經枯敗的葉子。健康的葉片很快就會長回來。

選擇並放入第一批魚

當水族箱順利運作、水草也都各就各位後，你便可以開始思考你想要放入水族箱的第一批魚是哪一種魚了。切記：在水族箱此時的環境裡，只有些微的生物活動在進行。水中足以維持魚類生存的自然循環，只有在你放入第一批魚後，才會開始成熟。當然你也可以添加過濾器啟動產品來加速這個過程（如第96頁所述）。

然而，當第一批魚進入水族箱時，水可能還在熟化的過程中、尚未臻至完美。因此，你所選擇的第一批魚必須是生命力較強韌的那一種，因為它們比較能容忍水質成熟過程中所產生的變化。但這並不表示你可以忽略水質、任其敗壞，因為所有的魚（即使是生命力強韌的那種），在不良的水裡也會感到難受。的確，只要能力許可，你從一開始就要小心照顧整座水族箱的運作，以確保對頭一批魚來說水質也儘可能是最好的。

最先放入的魚

雖然該怎麼選擇最先放入的魚有諸多爭議、且每個人都有自己喜歡的品種，但是在以下第112-115頁所展示的魚類，都是你可慮的理想選擇。請記住，即使第一批魚的強韌是你為何選擇他們的主因，但他們畢竟會是你水族箱佈置完成後的一部分，因此你也需要考量他們將來如何與你後來決定再加入的其它魚種共存這個問題。如同在大自然裡，並非所有的生物都能快樂地生活在一起。因此，選購某一種魚之前，一定要先問清楚牠是否適合與其它種類的魚共生在同一座水族箱裡，如此才能避免買到一條看起來很漂亮、卻在二十四小

上圖：將袋子的角落用膠帶黏貼起來，如此可以確保小魚不會卡在角落裡。袋子的開口處要牢牢打上一個結。搬動魚的時候，穩穩握住打結的地方。

第一次應該買幾條魚？

我的水族箱很清澈，所以裡面的水應該沒問題，為何我仍然需要使用測試工具呢？這個問題每位水族店的專家都聽過一百萬遍。答案很簡單：氨和亞硝酸鹽這種致命的毒素是肉眼看不見的！即使水很清澈透明，也可能很致命，能在幾分鐘內就毒死了魚。確保水質的唯一方式，便是使用測試工具。這些工具都很容易操作，且價格低廉。你不需花太多金錢，便可拯救自己所飼養的魚及水族箱裡的其他生物。

下圖：如圖中所示這種群居的斑馬魚，如果一次放入一群，他們能夠比較快地就適應新的水族箱。

下圖：經過短暫的旅途回到家後，不要馬上打開袋子，先讓它們浮在水族箱裡約二十分鐘，等袋子裡的水和水族箱裡的水溫度一致後，再把魚放出來。

上圖：如果回家的路程較長，袋子打開後就將袋口先往下捲、讓汙濁的空氣
跑出來。這麼做時有些人會先把水族箱的燈源關掉，以避免給魚造成壓力。

雖然這個時候魚可能會覺得
很緊張，但牠們應該很快就
會恢復。

下圖：將袋子泡在水族箱裡約二十分鐘。
然後把手指伸進袋子裡、接著再把手指
伸進水族箱裡，檢查袋子裡外的水溫是
否已經一樣。

時內將水族箱內其它同類統統都吃掉的魚！

買魚

你可以在任何地方購買你家水族箱所需要的裝備，但說到買魚，則一定要到販售真正健康、品質優良的魚類的水族店去。最好的辦法就是多方比較，不管是魚的品質或價格。選擇商家時，以下是幾個應該考量的要點：

* 該水族店必須有販售活物的執照。
* 該水族店必須是水族貿易協會的會員。那表示該家商店具有專業水準，不但會遵守協會的規定來照顧其所販售的活物，也會善盡自己的專業責任。
* 該水族店看起來乾淨整潔嗎？所有的水族箱裡裡外外都很乾淨嗎？水族店若很乾淨，那就顯示該店家很努力在照顧自己的店。
* 即使是最優良的水族店也會發生魚貨損失的事，但水族箱裡若看得到死魚或病魚，那可不是一個好現象。如果水族箱裡有病魚，就不要購買同一水族箱裡看起來似乎很健康的魚。這樣做是有風險的，因為同一水族箱裡所有的魚都可能已經被感染了。較理想的做法是：被隔離的病魚不應該出現。
* 店裡所有的水族箱上都應該有詳細的標示：魚的品種、價格、可能的最大身長、是否需要特別的營養、能與其它哪些種類的魚共存、是否有任何特別的需要如「喜歡很多植物掩護」，等等。
* 仔細觀察你想買的魚。牠們看起來鮮麗、健康、且很喜歡自己的環境的樣子嗎？牠們的行為正常嗎？
* 店家對其所售出的魚有保證嗎？大部分的水族店都會提供某種保證，但魚一旦離開商店後，你就必須對牠們及牠們的環境負責。你所購買的魚若發生問題，店家的保證有可能會牽涉到檢測你家水族箱的水質。
* 如果可能，看看其它顧客如何買魚並觀察店員們如何服務。店員對手中正在處理的魚應該很小心，以儘量降低魚所承受的壓力。

把魚帶回家

水族店會將你選購好的魚放進幾個塑膠袋裡，裡面裝入足夠的水，然後在綁緊塑膠袋前將袋子

上圖：將袋子口壓到水面下一點點，輕輕碰碰袋子，鼓勵魚兒自己慢慢游出來。要確定所有的魚都游出來了。放出每一個袋子的魚時，都要重複這樣的動作。

裡注滿空氣。如果回家的路程少於一小時，那麼魚在只有裝著空氣的袋子裡很安全。但如果車程超過一小時，水族店就應該在袋子裡打滿氧氣。最後，店家必須用膠帶黏貼袋子的兩個角落，以確保魚不會卡在袋子的角落裡。為了運輸過程的安全，你在前往水族店前可先準備好一個大紙箱，然後將裝著魚的塑膠袋子全部放在裡面。

一旦選定一家優良的水族店，你就可以很有把握地選購你要放入水族箱的頭幾條魚了。牠們會在水草的襯托下，給你的水族箱帶來生命和律動，成為你所創造的栩栩如生的圖畫裡真正的「明星」。頭幾尾魚通常是最佳的中水層游泳選手，牠們會立即給你的水族箱增添十足的趣味性。

上圖： 這兩尾五間鯽很快就在水族箱裡游來游去，開始探索牠們的新家。有些魚比較害羞，一開始可能會先躲起來，但這是很自然的事。

左圖： 所有的「啟動」魚都放進去了；現在這座水族箱裡有五尾斑馬魚、五尾三角燈、和三尾五間鯽。如果這些魚兒沒有馬上展露其最美麗的色彩，別吃驚。等牠們能夠掌握新環境後，牠們的顏色就會逐漸變漂亮了。

魚口的密度

根據經驗法則，基本上每一公升的水可養 1 公分（0.4 吋）長的魚（包括魚尾）。換言之，在一座水容量 150 公升的水族箱裡，你最多可放入 150 公分（60 吋）長的魚。這個量看起來似乎頗大，但這是根據魚長大後的身長來計算。所以你必須了解你所飼養的魚會長到多大，而且在加入新魚時，也需要逐步地來。例如，斑馬魚最大可長到 5 公分（2 吋）。如果你放了六條這樣的魚，即使剛進入水族箱時每尾幼魚只有 2 公分（0.8 吋）長，但最後你將會有總長 30 公分的「魚長度」。

切記：不能一次放入長大後總長會超過 40 公分（16 吋）的魚，如此，你的生物過濾器才有熟化的空間，來處理魚所排出的廢物量。一定要持續監測水質，等到氨和亞硝酸鹽的讀數都再度降到零時，才能加入新的魚。這是唯一能夠確保你的過濾器已經成熟且足以處理水族箱裡所有魚的排泄物的方法。

首批進駐你家水族箱的魚

當你將頭幾尾魚放入水族箱後，牠們會立即給你的整體佈置帶來繽紛、律動和戲劇性。牠們全都是中水層和表水層的游泳健將，能在水草尚未遮掩的區域給你的佈置增添趣味性。以下所要介紹的品種包括斑馬魚、波魚、燈魚、鯰魚等；牠們的生命力雖比大多數的魚種強韌，但仍需要仔細的照顧。這些魚種並不是全都適合作為最先進駐水族箱的魚。例如，某些燈魚至少得等水族箱運作幾個星期後才能放進去。以上幾種魚中的代表也將在後文作為「第二」或「第三」波進入水族箱的魚來討論。當你一邊計畫水族箱的佈置

和水草的種植時，也可一邊設想自己未來想要養哪幾種魚。而檢視第二批和第三批魚的選擇，可以幫你決定放進水族箱的第一批魚應該是哪幾種魚，因為牠們在最終完成的佈置裡是全部要住在一起的。因此，你在選購第一批魚時，就要順便跟店家討論你未來可能選擇的第二批和第三批魚。同時也要記得購買魚糧和網子，如果你的工具裡還沒有這些東西的話。最後，請遵照第 108 頁所詳列的選魚指南，千萬不要買回你對其健康有疑慮的魚。

豹紋斑馬魚

這是斑馬魚的變種，身體兩側有斑點，而不是條紋。牠跟斑馬魚能夠愉快共處，性情也跟其表親很相像。豹紋斑馬魚跟所有其他品種的斑馬魚一樣，在嘴巴的兩側也有一對用來尋找食物的觸鬚。你應該選購哪一種斑馬魚呢？答案很簡單：看你比較喜歡斑點還是條紋。

成魚最大身長：6 公分（2.4 吋）。

斑馬魚

顧名思義，斑馬魚的身體兩側都有著像斑馬般的橫向條紋。斑馬魚是非常活潑的群聚魚種；牠們能在各個水層游動，最喜歡水草茂密、可在其中藏來躲去的環境。一群至少六尾養在一起時，生長狀況最穩定，是多種魚類共居的水族箱的最佳選擇。產自東印度的斑馬魚較喜歡中性到微酸的水質，不過人工培養的品種可以承受較大的酸鹼值變化。斑馬魚還有另外一種身上有著較大的鰭的變種。

成魚最大身長：6 公分（2.4 吋）。

黑裙

作為進入水族箱的首批魚，黑裙是最理想的選擇。產自南美的黑裙喜歡群聚且愛好和平。牠們最愛躲在茂密的水草裡，也喜歡體型較高的植物所給予的掩護。幼魚的身上有很搶眼的黑色，較老的魚則呈灰色。黑裙是所有水族箱魚中最能忍受酸鹼值變化的魚，因此幾乎可以養在任何水族箱裡。建議至少保持六尾一群。

成魚最大身長：5公分（2吋）。

三角燈

產自東南亞的三角燈體型嬌小且非常活潑，對任何尺寸的水族箱都適合。牠的身體後半部有一個很特殊的黑色三角形；六尾養在一起時，牠們會展露最美麗的色澤。波魚比較喜歡在中水層及上水層游動，最愛躲在浮水植物的下面。雖然體型嬌小，三角燈的胃口卻很大，很樂意吃各種薄片狀的飼料。

成魚最大身長：4公分（1.6吋）。

電光斑馬

這是斑馬魚的另外一個品種，性情平和，也很適合養在不同魚種共居的水族箱裡。牠的體型與斑馬魚及豹紋斑馬魚相似，身上有一道帶著藍色和紫色的珍珠光澤。母魚的體型較公魚大，色彩也較斑爛。電光斑馬產自東南亞，其自然棲息地水環境的酸鹼值約6-7.5度，但人工培養的品種能容忍更大的酸鹼值變化。牠們喜歡成群結隊，但切記你的水族箱要有密閉的盒蓋，否則電光斑馬會跳出來。市面上的電光斑馬有各種多彩多姿的色澤可供選購。

成魚最大身長：母魚6公分（2.4吋）；公魚略小些。

火翅金鑽燈

火翅金鑽燈魚在2006年時才開始面世，但很快就成為最受歡迎的水族箱觀賞魚之一。牠有許多很棒的特點：愛好和平、喜歡群居、色彩鮮麗、容易飼養、且體型嬌小等。跟許多斑馬魚一樣，牠們也喜歡組成約莫六尾一起的小隊伍。公魚腹部的藍色光澤比母魚的鮮艷；產卵期時，牠們的肚子會慢慢變成鮮紅色。喜歡水草茂密的環境。由於體型嬌小，請勿將牠們與大型魚養在一起，否則可能會被當作點心吃掉了。

成魚最大身長：2公分（0.8吋）。

五間鯽

五間鯽的身上有著明顯的條紋，跟比較不愛熱鬧的四間鯽很像。牠們總是在水族箱裡不斷地游來游去，尋找食物，且對環境充滿好奇。在水質成熟的過程中，牠們對水質的要求不嚴苛，因此很適合作為最先入住水族箱的觀賞魚。五、六尾養在一起時，成長得最好。適合所有、尤其尺寸較小的水族箱。

成魚最大身長：5公分（2吋）。

櫻桃鯽

櫻桃鯽是魮魚中體型最小的品種之一，但牠們身上鮮紅的顏色彌補了其體型的不足。這麼鮮亮的體色也是牠們會在斯里蘭卡林蔭濃密的自然水域裡被人發現的原因。櫻桃鯽喜歡躲在茂密的水草裡或漂浮的植物下。購買時，一次最好買五或六尾，因為獨自一尾的時候，櫻桃鯽會很膽怯。此一性情平和的魚種適合養在任何不同魚種共居的水族箱裡。切記：牠們的食物必須包括含有螺旋藻的薄片餌料，因為那類魚糧會讓牠們的色澤變得更鮮亮。

成魚最大身長：5公分（2吋）。

在繁殖季節時，公魚身上的鮮紅色澤會變深。

母魚的顏色偏橘，且肚子較大。

檸檬燈

檸檬燈是燈魚中體型較健壯的品種，很容易飼養在不同魚種共居的水族箱裡。最好是六或七尾養在一起。他們很能容忍酸鹼值的巨大變化。跟多數燈魚一樣，檸檬燈也喜歡躲藏在模仿其巴西森林水域自然棲息地的茂密水草裡。強化色澤、含有螺旋藻的食物有助於他們保持鮮豔的檸檬色。

成魚最大身長：4.5 公分（1.8 吋）。

條紋小䰾

此一性情活潑、奶油色的䰾魚產自中國的東南地區。他們在茂密的水草裡感到最自在；只要將幾株椒草種在一起就可在水族箱裡創造出他們所需的效果。條紋小䰾性情平和，喜歡五或六尾在一起。

成魚最大身長：10 公分（4 吋）。

黃日光燈

產自巴西小流域的黃日光燈顏色很漂亮；他們有完美的流線體型，能夠在水流湍急的河裡生存，也因此，他們喜歡待在過濾器湧出的水流旁。雖然體型嬌小，黃日光燈卻是水族箱裡最迷人的大明星之一。他們需要寬敞的游泳空間，也愛躲在水草裡尋求安全感。至少六尾養在一起。

成魚最大身長：5 公分（2 吋）。

公的黃日光燈

母的黃日光燈

接下來兩週，你的水族箱會漸趨穩定，之後就可以開始放入第二批魚了。 ▶

增加魚數量

當水族箱的運作穩定下來、而第一批魚也在裡面安頓了兩週後，你就可以開始思考第二批魚的選擇了。跟之前一樣，不管你想放入哪一種魚，切記都不能一次放入太多尾，這樣，過濾系統裡的細菌才有機會慢慢增加，進而完全分解新魚所排放的廢物。除了原有的測試機制外，在新魚加入後的那一週，你還需要定期測試氨和亞硝酸鹽的濃度。如此一來，萬一水質在成熟過程中敗壞到無法接受的地步，你才能立即採取補救的措施。

另一個要思考的重點，是新魚的健康狀況，以及新魚帶回家後是否需要先將之隔離在另一座分開的水箱裡。第一批魚不需經過這個步驟，因為牠們已經在水族箱裡「隔離」了；即使牠們身上帶有病菌，水族箱裡原來也沒有魚可讓牠們感染。但第二批魚——以及未來會再加入的任何新魚——卻不一樣，因為牠們可能會將病菌帶入水族箱裡，不僅讓自己發病，還會將問題傳染給原來水族箱裡健康的魚。

經過五週的照顧後，植物的成長應該顯而易見了；然而，你也要時時查看是否有枯萎的葉子或其它開始發黃的老葉，這些都要儘快移除以免它們在水族箱裡腐敗。持續注入的二氧化碳及液體肥料都有助於水草的全力滋長。

右圖：當你把新的魚從隔離的水箱轉移到你所佈置的水族箱時，如果水箱與水族箱是在不同的室內，你最好用塑膠袋把魚裝起來再轉移，不要直接用網子撈。要使用乾淨的塑膠袋，而且跟之前一樣，要用膠帶將袋子的角落黏貼起來。

將經過隔離的新魚轉移到水族箱。當牠們從塑膠袋裡游出來時，
水族箱裡原來的魚對新來的夥伴都很好奇。

隔離

雖然你會在優良的商店購買健康的魚,但是將第二批魚(或未來會再加入的任何新魚)先做隔離,是一個明智的策略。

隔離箱

隔離箱的尺寸視你所買的魚隻大小而定,但它至少必須是45x25x25公分(18x10x10吋)大。做隔離時,類似這樣尺寸的水箱裡不能一次放入超過六尾5公分(2吋)長的魚,否則你就無法控制水質、維持隔離箱應有的最佳狀況。如果每條魚的長度超過10公分(4吋),那麼你就需要準備一座較大的隔離箱。

跟你佈置的景觀水族箱一樣,隔離箱裡也應該有基本的裝備:加溫器、過濾器、燈光設備等,再加上一些通風的條件。對小型的水族箱而言,空氣動力過濾器是一個理想的選擇,因為它能夠過濾、送風和循環水。隔離箱裡也應該置入一些裝飾物,好讓魚兒有躲藏的地方;沒有魚會喜歡住在一座裸缸裡。

魚的照顧

當新魚從水族店被帶回家後,請立即把牠們放進隔離箱裡,步驟跟第108-109頁所描述的如何將第一批魚放進水族箱裡時一樣。從現在起,你必須仔細照顧牠們,就好像牠們是住在你佈置的那座景觀水族箱裡一般:每天餵食、每週固定換水、及其他定期的保養等等,以確保牠們能夠維持在最佳的狀況。

嚴格來說,魚的隔離期應該比任何牠可能感染的病菌的最長潛伏期長一些。實際地計算,這段期間可能相當長,因為有些病毒可能長期處於休眠狀態中。因此,最實在的方法就是:隔離期的長短應該依據魚類最可能感染的常見病原體的發病期而定。一般而言,二十天的隔離期,對新買回來的魚是恰當的。而在隔離期間,那些新魚不僅可以從被捕捉及運送過程所造成的壓力中復原過來,萬一出現病徵,也可即時進行治療(請參閱第192-193頁)。

監測水質

隔離期間,請務必定期檢查水質。你的隔離箱裡的水的酸鹼值,必須跟你所佈置的景觀水族箱裡的酸鹼值一樣,除非你購買新魚時水族店的水族箱的酸鹼值跟你家的不同。若是如此,在隔離的這二十天裡,你需要慢慢地改變隔離箱裡的水的酸鹼值,直到它跟景觀水族箱裡的水的酸鹼值一樣為止。進行酸鹼值改變時,一天不能超過一個單位的0.3。氨和亞硝酸鹽的讀數必須維持在零,硝酸鹽則必須在25ppm以下。

二十天後,如果新魚沒有生病的跡象,這時你就可以將牠們轉移到景觀水族箱裡去。新魚一旦進入水族箱後,你就必須時時監測水質的變化。為了幫助過濾器處理多出的廢物,你可以在新魚放入前幾天,給過濾器添加一點啟動產品。

隔離箱的備用

由於隔離箱並非隨時都在使用中,因此有可能因為長時間的空置,而使得過濾器在缺乏魚所排放之廢物的情況下,導致細菌死

隔離箱

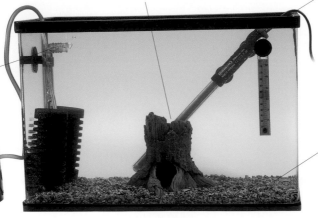

放一個乾淨的陶土花盆或人造裝飾物到隔離箱裡,可以給緊張或虛弱的魚兒提供庇護。

用加熱恆溫器,讓隔離箱裡的水跟景觀水族箱裡的水保持一樣的溫度。

這個設計簡單的內置過濾器,對隔離箱來說,是個理想的選擇。它的兩個海綿可以支撐數量龐大的有益菌,足以維持水質的乾淨。

隔離箱裡的海綿過濾器靠這個氣泵來驅動。

有些魚,例如鼠魚或鰍魚,喜歡水箱裡有一些基質。然而,要保持基質的乾淨不容易,而且基質也可能隱藏病菌,讓你隔離的魚遭到感染。居於中水層和上水層的魚並不介意水箱裡空無一物。因此,是否要在隔離箱裡放入一些基質,要視不同魚種的需求再個案而定。

光光。當你必須再次使用隔離箱時，這可能就會成為了一個問題，因為不成熟的過濾器可能會導致水質不佳，最後傷害了在運送過程中已經承受很多壓力的新魚。給隔離箱添加餌料以維持細菌之存活，並不是理想的處理方式，因為這樣反而會造成殘餘廢物的分解，引發有害的真菌性與細菌性疾病。你當然可以定期添加活性菌來保持隔離箱的成熟，但這樣做不但費時費工，而且，因為過濾器和加熱器的持續運作，電費也將很可觀。最好的方法是：平時關掉隔離箱的設施；有需要時，再重新啟用。如果你選擇的是這個方式，那麼為了對付不成熟的水箱所可能呈現的問題，你可以從你所佈置的那座景觀水族箱裡取出一些水來放進隔離箱裡使用。這樣做還有一個額外的好處，那就是，如今隔離箱裡的水質跟景觀水族箱裡的水質，完全一樣了。

當你需要隔離箱時，透過以下幾個方式便可確保其過濾器也是成熟的。你可以在不使用隔離箱時，將其過濾器放在景觀水族箱裡、作為附加的過濾器來運作；而當你需要啟用隔離箱時，只要將那具過濾器移轉過去即可。假如你的景觀水族箱所使用的是外掛型過濾器，那麼它裡面或許有空間可以容納來自隔離箱的那具過濾器的其中一塊海綿。將那塊海綿放進外掛型過濾器裡，它會逐漸吸納數量龐大的細菌；當你需要隔離箱時，再將那塊海綿移轉到隔離箱裡使用。最後一個方式是：需要隔離箱時，將活菌產品「補種」進隔離箱裡。利用活菌補種加上從景觀

水族箱所取出的水，那你的隔離箱在新魚或病魚需要時，應該能在短時間內就成熟並啟動。

設備必須分開使用

請給你的隔離箱準備一套專屬的設備，而且，絕對不能將隔離箱裡使用過的任何設施轉移到你的景觀水族箱裡。來自病魚身上的病原體很容易就會經由潮濕的網子傳遞到景觀水族箱裡。假如你需要同時在兩座魚箱裡使用任何工具，那麼每次使用過後，都要消毒。

隔離箱的其他用途

你會發現隔離箱在某些情況下非常好用。假如有一條魚生病了或心情不佳，這時你就可以把隔離箱當作一座醫療箱，讓那條魚在隔離的狀況下得以安心復原。同時，你也能夠仔細觀察那條魚的情形，並根據牠的需求給予治療，等牠康復後再將牠放回景觀水族箱裡。

有些魚在繁殖期間會展露領域性。牠們可能會在某一條較溫順的魚靠近牠們的卵或幼魚時，對牠展開攻擊。受傷的魚容易受到繼發性細菌或真菌

右圖：*輕輕地傾斜袋子，讓魚兒自己游出來。先將新魚放在隔離箱裡一段時間；在這期間，你可觀查牠們是否有潛藏的疾病或健康問題。若一切安好，再將牠們放進觀賞用的那座水族箱裡。*

魚的交換
有些水族店可能願意跟你回收小魚，然後以水族器材或餌料作為交換。但是，不要希冀他們會付你魚的零售價格；畢竟，他們是在幫你的忙，給你的小魚提供一個新家。進行這樣的交換前，一定要預先跟水族店談好，免得你帶著小魚上門時，他們沒有空間可以收養小魚，平白讓你的魚承受搬運的痛苦及壓力。

的感染；因此，你要將牠轉移到隔離箱的庇護裡，直到在繁殖的那對魚的攻擊傾向完全平息為止。受傷或受到霸凌的魚可以藉此恢復體力；待其康復後，再把牠放回景觀水族箱裡。

如果有小魚在水族箱裡誕生，牠們很快就會受到將牠們視為活食來源的其它所有魚（甚至包括自己的父母）的攻擊。假如你想拯救這些幼魚、希望能將牠們養大，那麼你就可將牠們轉移到隔離箱去。這時，隔離箱的功能就是育兒房；等小魚長大後，再把牠們放回觀賞用的那座水族箱裡。

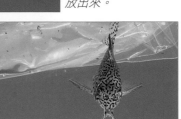

左圖：*加入水族箱的第二批魚當中，有幾尾花鼠魚。將袋子浮在隔離箱裡二十分鐘，讓袋子裡外的水溫一致後，再將牠們放出來。*

鮕魚類

色彩斑斕又活潑的鮕魚一直都是水族箱觀賞魚中最受歡迎的選擇。但購買時，一定要注意牠們與水族箱裡其它的品種是否能和平共處。水族店所販售的魚類品種很多，並且有不同的形狀、顏色、性情等可供選擇。櫻桃鯽，比如說，就能給水族箱的展示添增一抹亮紅；而且，由於體型嬌小，牠們幾乎可以被飼養在任何尺寸的水族箱裡。至於身上因有鮮明條紋而深受喜愛的四間鯽，除非你謹慎選擇與其共居的夥伴，否則牠們不適合你的水族箱（不過，只要給牠們選擇正確的夥伴，牠們就會成為水族箱中的焦點）。鮕魚喜歡與同類成群結隊，而這樣的行為可以給任何的水族景觀帶來趣味性。飼養時，要保持至少六尾，如此，牠們才會有安全感。這種魚喜歡碎片狀的餌料。體型較大的品種，在牠們長大後，就要給牠們提供顆粒狀的食糧。你也可以給牠們準備冷凍乾燥的活食，例如紅蚯蚓及鹽水蝦等，作為牠們補充營養的點心。

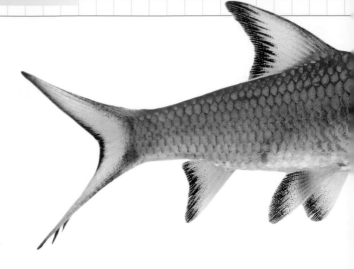

黑線銀鮫

產自泰國和婆羅洲的黑線銀鮫因其鯊魚般的體型而得名。不過，這個美麗的魚種性情非常溫和，能夠跟體型最小的魚和平共處。牠們特殊的銀色身體上有著鑲著黑邊的鰭，跟其他色彩較斑斕的水族箱夥伴們可以形成一個鮮明的對照。黑線銀鮫是鯉魚的一種，會長到很大，因此其實只適合養在寬度超過120公分（48吋）的大型水族箱裡。選購時，千萬別被幼魚的樣子給騙了；牠們很會長，也需要很大的游泳空間才會開心。黑線銀鮫很活潑、喜歡蹦跳，因此，你的水族箱需要有緊密的蓋子，以免牠們會跳出來。請給較大的魚餵食顆粒狀的餌料。成魚最大身長：35公分（14吋）。

大帆熊貓鯽

產自印度的大帆熊貓鯽因喜歡群居且體型較大，很適合養在大型的水族箱裡。這種魚的性情溫和，即使與體型最嬌小的魚種共居，也能和平相處。公的大帆熊貓鯽的背上有一道突出的線狀背鰭，能夠給水族箱的景觀添加一種不同的特色。這種魚長大成熟後，其背部會呈現紫藍色，加上幾條黑帶，是牠們最自然的掩護。如果在水族箱裡過得不開心的話，牠們背部的紫藍色便會褪成暗灰色。成魚最大身長：12公分（4.7吋）。

玫瑰鯽

又稱玫瑰燈，其最吸引人的地方便是牠的色彩：公魚的背部是金色，腹部是鮮紅色，而母魚則通體金黃色。牠們不需成群結隊，兩尾養在一起，就很開心了，因此很適合小型的水族箱。跟大多數魮魚類一樣，牠們也喜歡有茂密水草遮掩的地方，但也需有足夠的游動空間。這個全身像鍍了金的魚種，對任何家庭式水族箱而言，都是很有價值的觀賞魚。成魚最大身長：7 公分（2.75 吋）。

四間鯽

四間鯽的身上有鮮明的黑帶，鼻子和鰭的邊緣則帶著一抹紅色，可以給不同魚種共居的水族箱增添一個迷人的亮點。除了圖中所示的顏色外，另有綠色和白化的變種。不過，這個產自印尼、蘇門答臘、及婆羅洲的魚很活潑；你若沒有好好照顧的話，牠們可能就會破壞你水族箱裡的整體景觀。四間鯽也是喜歡成群結隊的魚，而且，在一個群體中，有著明確的階級制度。至少六尾一起飼養；如若只養一尾，牠可能就會搗蛋，比如嚙咬其他魚隻的鰭。牠們不可以跟有搖擺長鰭的魚，如泰國鬥魚、絲足魚，或游泳速度較緩慢的魚如天使魚等的魚種養在一起。如果你能配合牠們的需求，四間鯽會讓你的水族箱展現一種活潑的氣氛。成魚最大身長：7 公分（2.75 吋）。

斯里蘭卡兩點鯽

這種魚非常活潑，喜歡很大的游泳空間，最懂得利用水草之間的開放區域。斯里蘭卡兩點鯽的每一片魚鱗上都有網狀紋路，這讓牠們看起來比其他同類的魚種特殊。其他吸引人的特色還包括鮮紅色的背鰭和尾鰭，以及腹部兩側上的眼狀斑點。在其斯里蘭卡的自然棲息地裡，那些斑點能夠幫助牠們恫嚇掠奪者。斯里蘭卡兩點鯽也喜歡成群結隊，而且由於體型會一直保持很嬌小，牠們可以被飼養在任何尺寸的水族箱裡。這種魮魚生性溫和，不會去騷擾跟牠們不同種類的魚。成魚最大身長：5公分（2吋）。

黑色紅寶石魮

如果你覺得無法提供四間鯽的需求，那麼產自斯里蘭卡的黑色紅寶石魮是一個很棒的替代選項。這兩種魚的體型很像，身上也都有垂直的黑帶。不過，黑色紅寶石魮沒有紅色的鰭；但他們從鼻端到整個腹部都閃爍著玫瑰紅的色澤。黑色的鰭配上紅色的身體，呈現美麗的對照。黑色紅寶石魮喜歡躲在茂密的水草裡；在光源下若不能找到遮掩的話，會變得很膽怯。喜歡成群結隊。成魚最大身長：6.5 公分（2.5吋）。

小丑鯽

由於身形較長，漂亮的小丑鯽跟其他品種的魮魚看起來有點不同。身體是金色的，腹部有黑色的點狀或帶狀斑紋，再加上紅色的鰭，使得他們比起同類來更吸引人。小丑鯽產自新加坡和婆羅洲，喜歡與其天然棲息地一樣偏酸的水質；但是現在水族店所販售的品種，可能都已經改良，能夠適應地區性的水質。小丑鯽很活潑，雖然不具攻擊性，但最愛在水族箱裡到處探索，而這正好可以給水族箱增添變化和趣味性。喜歡成群結隊，但只有兩尾養在一起也可以。成魚最大身長：10 公分（4吋）。

紅翼棋盤鯽

棋盤鯽很可愛，身上的每一片魚鱗上都有網狀紋路，使得牠的腹部看起來好像棋盤一般。公魚的顏色較鮮明，紅棕色的魚鰭上鑲著黑色的邊。一小群養在一起時，看起來最漂亮。雖然牠們會在水族箱裡四處巡遊，但卻不敢冒險游離水草的掩蔽處。產自印尼和婆羅洲的紅翼棋盤鯽不僅外型漂亮，也是性情最溫和的魮魚類品種之一，值得任何水族箱的飼養考量。成魚最大身長：可以長到 15 公分（6 吋）；但一般約 5-7 公分（2-2.75 吋）。

鑽石彩虹鯽

鑽石彩虹鯽產自印度和斯里蘭卡。長大後，顏色會變得很鮮亮：身體兩側有一條鮮紅色的帶子，腹部兩邊則各有一個黑色的眼狀斑點。每一片魚鱗都有網狀紋路，因此在水族箱裡游動時非常顯眼。水族店所販售的幼魚很少有牠們長大後的美麗色澤，因此選購時要有信心，要抱著牠們成熟後一定會變得很漂亮的期待。雖然成對地養，牠們也會很開心，但一小群養在一起時，性情溫和的鑽石彩虹鯽會給你的水族箱帶來一種視覺上的震撼。成魚最大身長：10 公分（4 吋）。

安哥拉鯽

產自安哥拉和辛巴威的安哥拉鯽，雖然很活潑且喜歡無拘無束地游來游去，但如果光線太亮時，牠們便會長時間地躲在水草的掩護裡。由於天性溫和，這種魚最好八尾以上養在一起，否則單獨一尾的話，便會因為太膽怯而長得不好。鮮明的深藍色線條是牠們的特色。安哥拉鯽很適合小型水族箱，但牠們也需要寬敞的游泳空間。成魚最大身長：5公分（2吋）。

紫紅兩點鯽

這種小魮魚很漂亮，在水族箱裡到處游來游去很活潑。如果你擔心四間鯽可能會搞破壞，那麼紫紅兩點鯽是值得考量的替代選擇。幼魚時通體金色，身上有兩個鮮明的黑色斑點，背鰭和尾部則閃著紅色光澤。長大後，身體中間的斑點會消失，但靠近尾部的斑點仍然鮮明。選購時，一定要找有兩個斑點的，如此，你才能觀賞牠們在成長過程中的色彩變化。紫紅兩點鯽產自印度與斯里蘭卡，是性情溫和的魚種。牠們需要養在大型的水族箱裡，並且較喜歡微酸的水質。不過，你光顧的水族店，他們所販售的魚應該已經改良、都能適應當地的水質了。六尾以上養在一起時，可以創造亮眼的效果。請給牠們準備漂浮的餌料。成魚最大身長：15公分（6吋）。

波魚類

波魚屬鯉魚科，產自亞洲，是生命力強韌的魚種之一。溫和但活潑的性格，再加上色彩鮮明的斑紋，使得波魚成為不同魚種共居的水族箱觀賞魚中的最佳選擇。這個品種中最常見的成員，三角燈，就是一個很棒的起頭魚（請參閱第 113 頁）。其他成員在水族店裡較少見（例如火紅兩點鯽、藍帶斑馬燈等），但同樣都很適合水族箱的景觀效果。波魚以碎片狀魚糧餵食即可。牠們也喜歡冷凍乾燥的活食作為點心，如紅蚯蚓和鹽水蝦等。

黑尾剪刀

特殊的尾部形狀，再加上游泳時的動作，使得這種活潑的波魚看起來好似一把小剪刀正游過整座水族箱。當一小群一起游動時，那個感覺更強烈，能夠給你的水族箱創造一種吸睛的效果。他們身上的銀色、黑色、和白色光澤，會跟水族箱中其他色彩鮮明的共居魚種產生出絕佳對照。黑尾剪刀產自馬來西亞、蘇門答臘和婆羅洲。喜歡在水草之間藏來躲去。不要將他們跟愛玩鬧的魠魚養在一起。成魚最大身長：可長到 15 公分（6 吋）；但很少超過 7-8 公分（2.75-3.2 吋）。

火紅兩點鯽

這種小魚的外型很優雅，身上有鮮明的斑點，能給水族箱的景觀增添一種雅致感。不過，即便存在感很強，可愛的火紅兩點鯽卻可能對水族箱的某一區域呈現出一種佔有慾。解決這個問題的方法是：保持六尾以上，並與許多魚種混養在一起，如此，他們便沒有機會建立自己的版圖。火紅兩點鯽的原鄉在馬來西亞、蘇門答臘和婆羅洲。最喜歡水草茂密的環境，因為光線太亮時，那樣有助於他們尋找掩護。成魚最大身長：可長到 10 公分（4 吋）；但很少超過 7-8 公分（2.75-3.2 吋）。

一線長虹燈

色彩鮮明又活潑的一線長虹燈最好跟性情類似的品種養在一起，因為成群結隊才能給他們安全感。除此，你仍需給他們提供水草茂密的環境，以便他們隨時可以尋找掩護。一線長虹燈腹部兩側的那條紅線，能夠給你的水族箱增添其他魚種所不能提供的紋理結構，是很值得考量的選擇（八尾以上最理想）。一線長虹燈產自東南亞、馬來西亞和蘇門答臘，較喜歡微酸的水質；不過，你家附近的水族店所販售的品種應該都已經改良，能夠適應當地的水質了。除了一般魚糧外，你還需給他們額外提供軟化的藻餅。成魚最大身長：可長到 7 公分（2.75 吋）。

125

斑馬魚類

斑馬魚是水族箱觀賞魚中生命力最強韌的品種，是新手水族愛好者的最佳選擇。牠們是理想的頭魚，很容易飼養與照顧。總是在水族箱裡游來游去忙著尋找食物，而這個活潑的舉動，讓牠們成為共居在水族箱裡的所有魚種中最惹人喜愛的對象。牠們不會吃掉任何的水草，也不會大到攪亂了水族箱裡的佈置。市面上可供選擇的種類很多，而一般斑馬魚和豹紋斑馬魚（112頁）是水族店中最常見的兩種。這兩種已經被培育出長有長鰭的變種，但牠們沒有原生斑馬魚或其他擁有天然長鰭的魚種漂亮。牠們必須成群結隊，才會有安全感。

大斑馬

顧名思義，這是斑馬魚中體型較大的品種，比起其苗條的近親豹紋斑馬魚和斑馬魚來，牠們的身軀較寬厚。腹部是青綠色，上面有可愛的像鱒魚般的條紋，在不同的魚群中特別出彩。此魚產自馬來西亞、蘇門答臘和婆羅洲。嘴型往上翹，那表示在野外時，牠們習慣游到水面覓食。在水族箱裡，牠們很快就能適應人工製造的漂浮食物。一小群養在至少1公尺（39吋）寬的水族箱裡時，牠們最開心。水族箱的蓋子要蓋緊，因為這種魚很活躍，可能會跳出來。成魚最大身長：10公分（4吋）。

燈魚類

接下來要介紹的品種多數都是天然群居的，因此，要養十二尾以上，才能創造出最好的展示效果。當然，不能一次就把牠們全部放進水族箱裡，因為那樣會破壞水質。為了避免水質產生問題，每次放入三或四尾，如此，過濾器才能逐漸適應新魚所增添的負荷。

帝王燈

若想給水族箱來點不同的風貌，那麼你可考慮產自哥倫比亞的帝王燈。帝王燈的顏色很奪目，是少數能夠給你的水族箱添加一抹紫色的魚種之一。而那抹紫色，在綠色和紅色水草的襯托下，特別突出。帝王燈的長相有點侵略性，但性情其實很溫和，因此，不可將牠們與大型、愛玩鬧的魚種養在一起。就燈魚而言，帝王燈很長壽；如果好好照顧，牠們可以活到六年。成魚最大身長：5公分（2吋）。

大斑馬魚能在水面迅速地游動。

黃金大斑馬魚，是專為水族飼養而培育出的一種顏色改良品。

紅蓮燈

紅蓮燈從臉頰到尾部有一條紅色彩帶，使得牠看起來比日光燈鮮豔漂亮。若想呈現一種特殊的景觀，你可以在一座適合的水族箱裡養二十五到三十尾的一群。最棒的效果就是，不要加入其它中水層魚種，好讓牠們可以獨佔那個區域，如此，牠們就會展現出其在巴西天然棲息地時的那種群聚行為。當然，牠們也可以與其它魚類（但不可跟大型、可能具攻擊性的那種）養在一起。在共居的水族箱裡，六尾紅蓮燈即可給水族箱增色，且可讓牠們感到安全。成魚最大身長：5公分（2吋）。

日光燈

這個產自祕魯的漂亮小燈魚能給水族箱的景觀帶來愉悦的效果。日光燈一直都是最受歡迎的水族箱觀賞魚；只要六尾養在一起，牠們身上那抹幾乎不自然的紅和閃爍的霓虹藍，就可創造出炫目的效果。若能養十二尾以上，看牠們游來游去整齊劃一的群聚動作，那感覺就更棒了！切勿跟較大型的魚種養在一起，否則會被當作點心吃掉了。比如説，神仙魚，就有這種將牠們隨口吞下肚的壞習慣，因此，不要將牠們養在同一座水族箱裡。成魚最大身長：4公分（1.6吋）。

紅印

紅印因其身體兩側橫線下方的那一點紅而得名。其特殊的菱形體型可以給水族箱的展景觀增添另一種特色。這個產自祕魯的大型燈魚可以成對地養，但在大型的水族箱裡，一群紅印所呈現的效果會更強烈。公魚和母魚的區別在於：公魚有較長的背鰭和尾鰭。紅印喜歡酸鹼值介於 6.5 到 7.2 之間的水質；但是，你所光顧的水族店可能會販售改良過、已能適應當地水質的品種了。紅印喜歡安靜的環境，因此，不要將牠們與愛玩鬧的、較大型、且有攻擊傾向的魚種養在一起。成魚最大身長 6 公分（2.4 吋）。

紅燈管

產自圭亞那的紅燈管能給水族箱的景觀添加一道閃爍的粉橘色光芒。對燈魚而言，這個色澤很特殊，而這也說明了為何此一性情溫和的燈魚會如此引人注目且大受歡迎的原因。紅燈管身上的那道條紋從頭到尾橫越全身，包括眼部和尾部。牠們喜歡茂密的水草，而且在水草的襯托下，牠們的顏色看起來更加鮮麗。至少六尾養在一起。成魚最大身長：4 公分（1.6 吋）。

頭尾燈

這個產自圭亞那和玻利維亞的燈魚因其頭部和尾部兩塊發亮的皮膚而得名。跟多數燈魚一樣，頭尾燈也是性情溫和、喜歡群居的魚，約莫六尾到八尾養在一起最適當。在理想的狀況下，頭尾燈有可能會在水族箱裡繁殖。成魚最大身長：4.5 公分（1.8 吋）。

黑燈管

比起日光燈管來，產自巴西的黑燈管雖明顯不同，但體型是相似的。牠的身上有一條淡綠色的橫紋，襯著通體的黑色光澤，再加上眼睛上半部的那一抹紅，整條魚的顏色看起來非常特殊。黑燈管比起其多數近親來，對水質的要求較高：理想的狀況下，最好偏酸，酸鹼值大約介於 6.5 到 7.5 之間。但水族店應該有改良過、能適應當地水質的品種了。至少六尾養在一起。成魚最大身長：4 公分（1.6 吋）。

紅旗

鮮紅色的紅旗很活潑，可以給水族箱帶來一種持續性的律動感。牠對水質的要求較低，因此，比起紅尾夢幻燈來，或許是一個較佳的選擇。但是，紅旗比較好動，所以最好養六尾以上，如此，牠們就會在自己的團體裡玩鬧而不會影響到水族箱裡其它共居的夥伴。產自巴拉圭的紅旗能夠給任何水族箱添加一種多采多姿的效果。成魚最大身長：4公分（1.6 吋）。

火焰燈

公的火焰燈有特別耀眼的顏色，尾鰭和身體後半部是
鮮紅色，其他部分則是暗紅色。母魚的顏色則稍微黯
淡些。比起細緻且不容易照顧的紅尾夢幻燈來，性情
溫和的火焰燈是值得考量的另一種選擇。如果在水族
店裡看到這些產自巴西的小魚顏色不夠亮麗，不要覺
得卻步；只要在你家水草茂密的水族箱裡安頓下來，
牠們的顏色就會開始鮮豔起來。至少六尾養在一起。
成魚最大身長：4公分（1.6吋）。

紅目

紅目因其眼睛上半部的那抹鮮紅
色而得名。此外，這個色彩強烈
的小魚不僅有鑲著黑邊的鱗片，
其尾部還環繞著一條明顯的黑
帶，使得牠們看起來彷彿穿著一
件盔甲。可愛的紅目產自巴西、
玻利維亞和祕魯；牠們通常在中
水層活動，也會游到水面，最喜
歡茂密的水草所創造出來的掩
護。紅目的體型比一般燈魚大，
因此，若想要養一群，大型的水
族箱較適合。成魚最大身長：7
公分（2.75吋）。

◀ 霓虹剛果

產自薩伊的霓虹剛果會給你的水族箱增添一種別緻的風格。只有公魚（如圖）才有金色和油藍色的腹部以及擺動的長鰭。這是最受歡迎的大型燈魚之一；但體型雖大，生性卻膽怯，因此不能與愛玩鬧的品種養在一起。由於需要很大的游動空間，因此最好六尾一群養在至少90公分（36吋）寬的水族箱裡。牠們需要茂密的水草，但不要細葉植物，否則牠們會嚙咬。一些長至水面的植物所創造出來的遮掩最能讓牠們感到安全自在；在這樣的環境下，牠們就會展露自己最美麗的色彩。成魚最大身長：公魚8.5公分（3.3吋）；母魚稍小。

金十字

這個色澤鮮明的小魚產自阿根廷、巴拉圭、和巴西。比起其他燈魚來，金十字很容易飼養，也較長壽，因此是第一次佈置水族箱的新手的最佳選擇。除了背鰭外，其他的鰭都是鮮紅色，身體是銀色，兩片尾鰭之間有一條黑紋。金十字可以給水族箱創造一種多采多姿且持續性的律動。唯一的缺點是，牠們很喜歡嚙咬細葉植物。因此若想養這種魚，你的水草必須是大葉型的，如此才能轉移牠們的注意力。至少六尾養在一起。成魚最大身長：7公分（2.75吋）。▼

絲足魚類

這一類魚性情都很溫和，通常游動於水族箱的中水層和上水層。由於大部分的品種都有擺動的長鰭，因此不要將牠們跟有魚鰭嚙咬傾向的魚種養在一起。在野外，絲足魚是住在氧氣溶解量較低的沼澤濕地裡。因此，除了使用鰓以外，牠們也會浮到水面來吸取空氣、將空氣送進靠近鰓腔的一個錯綜複雜的迷宮器官裡，然後再將氧氣送入微血管的網絡裡。除了絲足魚外，其它有迷宮器官的魚，如泰國鬥魚，也有這種輸氧的能力。

接吻魚

接吻魚因其肉嘟嘟的嘴型以及兩條魚之間的接吻行為而得名。接吻這個動作，實際上，是魚與魚之間的打鬥策略，而較弱的一方通常會在一回合後認輸。雖然打鬥經常發生，但接吻魚基本上很溫和，可以被單獨飼養或成群的飼養。牠們的嘴型很適合吃藻類，此外，蔬菜類的食物對牠們而言也很重要。除了菜類外，你也可添加以藻類為主的顆粒狀和碎片狀餌料。水族箱裡的所有植物，接吻魚都會吃。在野外，接吻魚可長到 30 公分（12 吋）；作為觀賞魚也能長到 20 公分（8 吋），需要至少 1.5-1.8 公尺（5-6 呎）寬的水族箱才能容納，因此牠們不是能夠隨便買回家的觀賞魚。

珍珠馬甲

產自馬來西亞、蘇門答臘和婆羅洲的珍珠馬甲，顏色非常鮮豔多姿，一直以來都是最受歡迎的絲足魚品種之一。其腹部兩側各有一條深黑色的條紋，從鼻部穿過眼睛直到尾部貫穿全身。長大後，公魚（如圖所示）的胸部會變紅，顏色從嘴巴下方開始延伸到臀鰭的前端。公魚的背鰭比較長，比較尖，母魚的背鰭則呈圓形。這個知識有助於你選購一對，雖然有些水族店可能就是一對一對地出售。珍珠馬甲壽命相當長，好好照顧的話，可以活到八年左右；但要發揮這個長壽傾向，你得將牠們跟性情溫和的品種養在一起才行。珍珠馬甲喜歡在上水層游動，也喜歡茂密的水草所提供給牠們的掩護。成魚最大身長：12 公分（4.7 吋）。

厚唇麗麗

因肥厚的唇形而得名。這種嘴唇很適合將漂浮的食物吸進嘴裡，而牠們剛好也喜歡在有漂浮食物的上水層和中水層游動。厚唇麗麗的色彩與麗麗很相似，都是紅色與深藍色的對角條紋，但牠們的厚嘴唇是一個明顯的特色。公魚（如圖所示）有一般絲足魚都有的尖背鰭，使得牠們的性別很容易被區分。產自印度和緬甸的厚唇麗麗是絲足魚中身型較大的品種。必須養在微酸的水質裡，且只能跟性情溫和的魚種養在一起。成魚最大身長：9 公分（3.5 吋）。

麗麗

產自印度和婆羅洲的麗麗，長久以來都是中小型水族箱觀賞魚中最經典的選擇之一。牠們的色彩變化很大，但最受人們歡迎的還是天然紅藍色對角條紋的那個品種。跟所有絲足魚一樣，麗麗也喜歡茂密的水草所創造的保護感，尤其是漂浮植物給牠們的額外掩護。牠們討厭受到愛吵鬧的魚的干擾，因此選購與牠們養在一起的品種時要謹慎。一對養在一起時，會成長得比較好。母魚的顏色沒有公魚（如圖所示）鮮豔，因此請店家幫你選一對。成魚最大身長：5 公分（2 吋）。

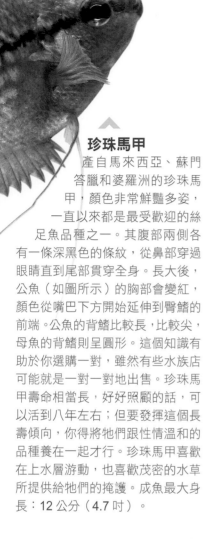

銀馬甲

全身銀白的銀馬甲就像水族箱的「幽靈」。跟所有絲足魚一樣，牠們也有很長的臀鰭。在優良的品種身上，這些臀鰭的顏色公母不同：公魚呈橘紅色，母魚則呈黃色，而這也是銀馬甲身上唯一出現的其它色彩。不過，有一個更簡單的方法來辨別公母魚，那就是：公魚的背鰭比較尖、比較長。有嚙咬傾向的魚，常常會將銀馬甲作為騷擾的對象，因此，牠們必須與性情溫和的品種養在一起。產自泰國和柬埔寨的銀馬甲生性膽怯，喜歡在茂密的水草裡尋找掩護。成魚最大身長：15 公分（6 吋）。

蛇皮馬甲

蛇皮馬甲因身上有細小的鱗片而得名。牠們身上主要的紋路是身體兩側的那一條黑帶，而這條黑帶在靠近尾部的地方被幾條垂直的銀帶切斷。公魚的臀鰭有一抹紅色光澤，而母魚（如圖）的則呈黃色。不過，辨別公母魚最簡單的方法還是找出公魚身上的尖背鰭。產自馬來西亞、柬埔寨和泰國的蛇皮馬甲是體型較大的絲足魚，因此，適合養在較大型、不同魚種和平共居的水族箱裡。蛇皮馬甲是最溫和的觀賞魚品種之一。成魚最大身長：20 公分（8 吋）。

警告：這一種絲足魚不能養

如果你曾經忍不住想買「巨型戰船」，請三思！巨型戰船是魚世界裡真正的龐然大物，能長到 70 公分（28 吋）以上。雖然這種魚本身很美麗，但牠們只適合養在水族館，由真正能夠提供這種魚所需的水族管理員來照顧。幼魚時，巨型戰船看起來跟嬌小的巧克力飛船很相像，因此選購時要小心，最好請教水族店裡的專家，免得買錯了。

大叩叩

身型修長的大叩叩可以給水族箱添加不同的特色，因為公魚和母魚都會發出叩叩的聲音。牠的紅眼睛和藍鰭也能豐富水族箱的景觀色彩。這個產自印度、泰國、越南、馬來西亞和印尼的品種，生性膽怯，需要水面植物給牠們提供掩護。成魚最大身長：6.5公分（2.5吋）。

青萬隆

青萬隆能給水族箱創造一種奪目的效果。牠的皮膚是藍色的，上面有兩塊黑色斑紋和一個眼狀黑點，是牠們的最佳保護色。青萬隆是市面上最普遍、也是性情最溫和的品種之一，通常只會在上水層緩緩游動。由於行動遲緩，牠們很容易成為較活潑的品種作弄或襲擊的對象，因此，要慎選與牠們共居的夥伴。青萬隆產自越南、馬來西亞和緬甸，幾乎能適應所有的水質。牠有一個改良的品種，通體金色且沒有斑紋，叫做金萬隆。成魚最大身長：10公分（4吋）。

咖啡麗麗

咖啡麗麗產自印度、阿薩姆和孟加拉，屬於體型較小的品種，很適合養在小型的水族箱裡。公魚的皮膚是閃耀的蜜色，頭和腹部是藍黑色。牠們需要在茂密水草的掩護下，才能長得好。跟其他絲足魚類一樣，咖啡麗麗在繁殖期也會展露領域性，因此，茂密的水草可以同時保護牠們及其他的魚。只能與性情溫和的品種養在一起。成魚最大身長：5公分（2吋）。

鯰魚類

鯰魚基本上在水底層活動，可以給水族箱底層區域增添一種律動感。其豐富多變的舉止總是給水族愛好者帶來無窮的樂趣。例如，生性忙碌的花鼠魚，大多數的時間都在基質上挑挑揀揀尋找著食物，而吸口鯰則常常觀察著周遭夥伴的各種動作，然後再慢慢游到一個對自己較有利的位置上。為了景觀的平衡及趣味性，每座水族箱都應該加入幾條鯰魚。

花鼠魚

雖然科學界所熟知的花鼠魚將近兩百種，但水族愛好者在市面上能夠看到的卻只有數十種。產自南美的花鼠魚，體型嬌小且性情溫和，是水族箱觀賞魚的理想選擇。牠們忙碌的天性及身上多半很漂亮的圖紋，更增添花鼠魚的吸引力。所有的花鼠魚都很溫和，你可以隨意搭配不同的品種混養；而且，跟多數魚類一樣，同樣品種的一群花鼠魚養在一起時，最能創造出自然的衝擊效果來。的確，從未有單尾養的花鼠魚能長得好的，因此，一次最好買一小群。如果決定要在水族箱裡養幾尾鯰魚，切記要選擇質地平滑的基質，因為任何尖銳的東西都會傷害鯰魚用來尋找食物的觸鬚。雖然鯰魚會將沉到水底其他魚類吃不到的食物清理掉，但最好還是直接給牠們餵食以確保牠們有足夠的食物。請給牠們準備會下沉的塊狀或碎片狀餌料，此外，也要添加一些冷凍乾燥的活食，如紅蚯蚓和水絲蚓等。

黑金紅頭鼠

這一體型嬌小產自亞馬遜流域的鯰魚在一般水族店裡很難找到，但值得水族愛好者的追尋。牠的身體是淡砂色，背部橫著一條很長的深黑色斑紋，另一條黑色斑紋則環繞整個頭部並掩藏了眼睛。這兩條黑紋之間有一個鮮明的金色斑點，與兩條黑紋形成強烈的對照。黑金紅頭鼠幾乎什麼食物都吃，但記得要給牠們添加一些冷凍乾燥或冷凍的紅蚯蚓。佈置水族箱時，要預留一塊空白的基質，讓牠們能夠在上面搜尋食物。性情溫和的黑金紅頭鼠對任何水族箱來説，都是一個很棒的成員。成魚最大身長：5公分（2吋）。

咖啡鼠

深銅的色彩、盔甲般的鱗片，咖啡鼠是水族店最常見的鯰魚品種，也是水族愛好者入門時的最佳選擇。咖啡鼠很勤勞，最喜歡在基質的開放區尋找食物，能將前景區植物身上的細微垃圾清理得乾乾淨淨。咖啡鼠可能是全世界水族愛好者最喜歡的鯰魚品種。牠們也有白化的變種，是深銅色咖啡鼠的另一項選擇。成魚最大身長：7公分（2.75吋）。

加工染色的魚

不要購買任何加工染色過的白化魚，因為染色會嚴重降低魚兒的壽命。只要拒絕購買這樣的魚，人工染色的不道德商業行為就會被遏止。

皇冠黑珍珠鼠

這個品種跟滿天星鼠很像，只是顏色通常暗了些。若要準確地區分兩者，只要仔細觀察他們的斑點就對了。皇冠黑珍珠鼠膚色較淺，斑點顏色較深；而滿天星鼠則膚色較深，斑點顏色較淺。跟滿天星鼠一樣，皇冠黑珍珠鼠在胸鰭和臀鰭上也有金黃色的前鰭刺，而這些前鰭刺在此兩品種成年後，都會變深成為橘色。成魚最大身長：7公分（2.75吋）。

短吻金翅帝王鼠

這個漂亮的小鯰魚頭部長滿斑點，尾部則有一條條斷裂的紋路。身體兩側的上半部是深色，下半部是淺色，形成強烈的對照；整個身軀的顏色在亮黃色的背鰭和胸鰭的襯托下，顯得更加亮眼。短吻金翅帝王鼠喜歡偏酸的水質，但你家附近的水族店應該有改良過、已能適應當地水質的品種了。當短吻金翅帝王鼠與一群滿天星鼠養在一起時，水族箱的整體景觀效果看起來特別棒。成魚最大身長：6公分（2.4吋）。

花椒鼠

如同咖啡鼠，花椒鼠也是很常見的鯰魚品種，所有的水族店都有販售。他們身體兩側的斑點是他們在野外生活時的最佳保護色。在水族箱裡到處忙來忙去時，其白色的腹部特別明顯。花椒鼠也有白化的變種。成魚最大身長：7公分（2.75吋）。

大花網鼠

大花網鼠產自秘魯，身上有大理石紋路，是牠們在野外生活時的最佳保護色，也能給水族箱增添一種令人印象深刻的元素。黑色的身體佈滿銀色的紋理，黑色的背鰭上有一條銀色斑紋，尾部也有銀色紋路。大花網鼠是最迷人的鼠魚品種之一，除了極小型的水族箱外，所有的水族箱都適合飼養。前景區的基質要留有牠們能在上面尋找食物的空間，如此，你就可以欣賞一小群的牠們在水族箱裡忙碌的身影了。成魚最大身長：7 公分（2.75 吋）。

精靈鼠

多數鼠魚都是住在水族箱的底層，但精靈鼠不一樣，牠們大部分的時間都在中水層到上水層之間活動。六尾養在一起時，可以成長得最好。其身體兩側各有一條黑紋，從鼻子貫穿到尾部，使得牠們很容易辨識。大多數鼠魚的嘴型是下懸式的，但精靈鼠的嘴巴卻比較往前突出。在給鼠魚中的這個小寶貝餵食時，請將片狀餌料壓碎，如此才方便牠們在中水層進食。要小心觀察以確保牠們獲得足夠的食物，免得食物都給其它中水層的魚搶光了。成魚最大身長：2.5 公分（1 吋）。

熊貓鼠

熊貓鼠是體型較小的鼠魚之一。牠們因為頭部、背鰭、和尾柄上都有黑色斑紋，因此很容易辨識。那些黑色斑紋在淺色皮膚的襯托下，能給水族箱增添一種特殊且人如其名的風格。產自秘魯的熊貓鼠會在水族箱裡產卵繁殖，但要在水族店裡挑選公魚和母魚可能有點困難。成熟的母魚體型通常比公魚大，但在幼魚的身上，這個差異還看不出來；所以，最好的方法是，一次多買幾條，希望裡面碰巧公母魚都有。成魚最大身長：4.5公分（1.8吋）。

滿天星鼠

滿天星鼠是鼠魚家族的明星之一，牠的身上有美麗的斑點，頭上也有白色斑點，身體兩側則有綿延直達尾部的破碎條紋。這麼特殊的圖案在其臀鰭和胸鰭的金色鑲邊襯托下，更加出色。在基質區給牠們提供足夠的游動空間，會讓牠們活得更開心自在。成魚最大身長：8公分（3.2吋）。

鰍魚

雖然鰍魚與燈魚和斑馬魚同屬，但是牠們已經進化到居住在自己所選擇的區域的底層。鰍魚會在水族箱的基質上搜尋其它魚群遺漏的食物碎屑。但牠們仍然需要餵食，而且最愛吃顆粒狀或碎片狀餌料，若能添加冷凍或冷凍乾燥的點心如紅蚯蚓等，那就更好了。鰍魚有下懸式的嘴型，其周圍佈滿敏感的觸鬚，可以透過觸覺及味覺幫助牠們找到自己的食物。一般來說，鰍魚性情很溫和，但有些品種必須避免，因為牠們會騷擾水族箱裡的其他夥伴。以下介紹的幾個品種都適合共養的水族箱。

網球鼠

網球鼠產自印度和泰國，身上有非常漂亮的鍊狀圖案，從特殊的下懸式嘴巴一直到尾部佈滿身體兩側。若想養一些在水族箱底層活動的魚，網球鼠是很理想的選擇。牠們不停地在基質上尋找食物，並且，跟小丑鰍一樣，能夠給水族箱提供珍貴的服務：清除討厭的小蝸牛。一小群養在一起時，能讓牠們有安全感。為了同樣的理由，也要提供牠們躲藏的地方。如果你擔心小丑鰍長大後體型可能太大，那麼體型嬌小的網球鼠是一個不錯的替代選擇。成魚最大身長：5.5公分（2.2吋）。

斑馬鰍

這個外表看起來極具戲劇性的斑馬鰍，性情通常很溫和。對牠們而言，遮蔽處愈多愈好，因為如此牠們才會有安全感，也才願意常常探出頭來四處走。斑馬鰍最好是水族箱底層唯一的居民，因為牠們有時會變得非常具有領域性。跟其他品種的鰍魚一樣，斑馬鰍也要一小群至少六尾養在一起，才會長得好。成魚最大身長：9公分（3.5吋）。另一種身上也有條紋的十字雲南鰍，跟斑馬鰍在各方面都很相似，除了體型只有斑馬鰍的一半外。十字雲南鰍特別適合小型水族箱，只可惜市面上很難找得到。

孔雀魚、茉莉魚、滿魚、劍尾魚

　　淡水觀賞魚都是胎生的，而不是一般魚類繁殖時的卵生。這些多產的魚通常是在水族箱裡最早繁殖的品種；的確，繁殖是公魚腦袋裡最主要的一件事。因此，為了母魚繁殖的需要，一條公魚必須配上幾條母魚，如此一來，公魚就能平均地向每條母魚示愛了。要不然，就全部養公魚。這些魚的種類變化極大，而其中有許多品種都很適合養在共居的水族箱裡。因為天性活潑，牠們會在水族箱的各個角落游來游去，而其忙碌的身影可以給水族箱創造律動與趣味性。淡水觀賞魚很容易照顧，對水質的要求也不高，是很理想的頭魚。所有的淡水觀賞魚都一樣，公魚和母魚的主要差異在於：公魚有一條繁殖足，也就是一條管狀的用來交配的變形臀鰭。

孔雀魚

　　活潑又美麗的孔雀魚一直都是水族箱觀賞魚中最受到喜愛的品種，原因何在，不難理解。公魚擺動的長尾巴，無論圖案或色彩都很豐富，從鮮紅到斑駁綠到金黃色等，鮮豔多姿。除了天然孕育的色彩外，人們還改良了許多品種，呈現更多的顏色。選擇性的育種也培養出各種尾巴的形狀和大小，以供水族愛好人士的選擇。由於市面上絕大多數的孔雀魚都是養殖的，因此原產自中美洲的孔雀魚早就適應了大部分水族箱的環境。然而，在水質較軟的地區，還是需要稍微調高水質的硬度，以確保其酸鹼值不會降到太低。個性溫和的孔雀魚通常在中水層和上水層之間活動，是共居水族箱的理想選擇。但請勿將牠們和愛玩鬧的魷魚或泰國鬥魚養在一起，因為後兩者會咬牠們的尾巴，讓牠們不但承受壓力且容易生病。成魚最大身長：6 公分（2.4 吋）。

眼鏡王蛇的圖案加上色彩斑斕的身軀以及帶狀紋路的尾巴。

在黃色到橘色的不同層次間，閃爍著金色的光澤。

黑茉莉

黑茉莉很普遍，任何水族店都看得到。雖然牠沒有其表親帆鰭茉莉那麼艷麗，但也能給水族箱的中水層和上水層添加一種活潑的風格。黑茉莉個性溫和，能夠和所有溫和的品種快樂地共居。牠們需要較硬且酸鹼值在 7.5 以上的水質。成魚最大身長：6 公分（2.4 吋）。

綠色帆鰭茉莉的公魚和母魚。

帆鰭茉莉

公的帆鰭茉莉有點狀圖紋的背鰭，色彩斑斕、鑲著金邊，同樣的圖紋一直延展到尾部，與身軀兩側的鱗片圖案互相襯托。牠們通常成對出售，公魚會利用自己華麗的背鰭向母魚示愛。帆鰭茉莉產自墨西哥，雖然牠天然的色彩只是綠色、黃色和銀色的混合，但現在也有其它多種顏色變化可供選擇，包括金色和銀色。茉莉魚是很活潑的魚，主要在水族箱的中到上水層之間游動並尋找食物。牠們往上翹的嘴巴顯示它們在野外生活時需要游到水面來覓食，因此有了牠們漂浮的碎片狀餌料對水族箱不會造成問題。雖然喜歡炫耀，但帆鰭茉莉對水族箱其它共居的夥伴很溫和。為了保護牠們，切勿將牠們與會嚙咬尾巴和鰭的魚種養在一起。帆鰭茉莉必須養在酸鹼值 7.5 以上的硬水裡。成魚最大身長：15 公分（6 吋）。

優雅的橘色公帆鰭茉莉。

劍尾

色彩鮮亮豐富、產自中美洲的劍尾，可以為水族箱增添一種特殊的身型。雖然只有公魚才有劍尾，母魚的顏色卻一樣鮮豔多彩，且體型比公魚大。

劍尾魚基本上性情很溫和；在中水層和上水層之間游動時，最喜歡茂密的水草給他們的安全感。如果你養了一尾以上的公魚，那麼要給他們足夠的遮蔽處，因為他們可能會彼此敵對。市面上可供選擇的顏色很多；因為很容易培育，且隨時可繁殖，很可能會在你的水族箱裡就繁衍下一代。

成魚最大身長：公魚（不含劍尾）10 公分（4 吋）；母魚 12 公分（4.7 吋）。

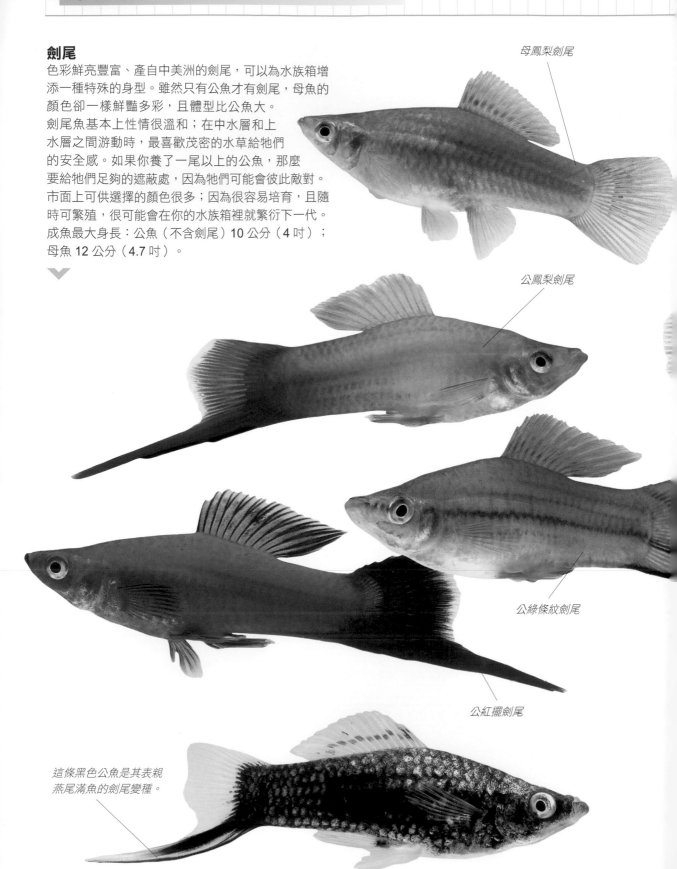

母鳳梨劍尾

公鳳梨劍尾

公綠條紋劍尾

公紅擺劍尾

這條黑色公魚是其表親燕尾滿魚的劍尾變種。

滿魚

溫和又色彩繽紛的滿魚很適合
共居的水族箱，但是長有長鰭
的品種不可以跟頑皮的魩魚或泰
國鬥魚養在一起。切記：滿魚可能
會吃掉細葉植物，因此你的植栽要選擇
寬葉的大型水草，這樣才能轉移他們的注意力。
滿魚什麼顏色都有，很值得將他們加入你的水族箱。
成魚最大身長：公魚 3.5 公分（1.4 吋）；母魚 6 公
分（2.4 吋）。

公藍色單點滿魚

公橘色滿魚

公紅色擺尾滿魚

母燕尾滿魚

右圖： 這座水族箱裡有
兩對雙色滿魚在一起游
動著。上面的那兩條公
魚屬於高帆型的，他們
的背鰭比一般魚的大。
在下面的那兩條母魚有
著落日的顏色。

接下來三週，水族箱的狀況會逐漸穩定，而你也可以準備放入第三批較敏感的魚了。▶

漸趨穩定的水族箱

經過七週的佈置照顧後，本書所示範的水族箱展現了令人欣慰的進步。水草已經長大，遮住了左側的設備，而不久之後，右側的設施也會被它們遮掩起來。水草已逐漸將它們種下時所預留的空間填滿，而同一品種的各株植物，如迷你矮珍珠和椒草等，也已長成了一片。水草是否開心地成長，從一個現象可以看出來：白天時，它們會快速地進行光合作用，以致葉片上會結出一顆顆的氧氣泡。

所有的水草圍著前景區的一塊開放空間，我們看見魚兒在過濾器湧出來的水流中戲耍。牠們活潑的身影證明：為了給牠們提供穩定的環境，我們在前面最關鍵的幾週所付出的一切努力，全都值得；牠們正健康、開心地成長茁壯著。

為了維持水族箱的乾淨漂亮，你要開始考慮一些比較長期性的保養步驟，並將之列在你的固定工作清單上。例如，你所安裝的器材，如果不加以注意的話，不會永遠順利地運作，因此，清理它們現在必須成為你的定期工作之一。再次申明，這些工作並不困難，也花不了多少時間，但你若希望你的水族箱保持健康漂亮的話，這些工作缺一不可。

如果藻類的滋長成為困擾，你就必須找出刺激它們滋長的原因，並盡力將那些原因排除。由於檢測水質是你能夠掌握水族箱的唯一方式，因此你可以借用各種檢測來找出所有問題發生的原因。例如，自來水中多餘的磷酸鹽可能是水藻過度滋生的原因，而唯一能夠幫助你確認是否是這個原因的方式，就是進行水質的檢測。

自從放進第一批魚後已經過了五週，而第二批魚加入也已
經有三週了。大部分的水草都長得很好，但這座水族箱顯
然有水藻滋生的問題。這是個關鍵時刻。

藻類過度滋生的水族箱

磷酸鹽和硝酸鹽濃度過高，加上光線太充足，便會促進水族箱裡水藻的滋生。為了解決這個問題，換水的速率要從每週一次換掉 10% 增加為每週兩次換掉 10%，且連續兩週。換進去的水，會有較少的磷酸鹽和硝酸鹽。

燈光則每日晚半個鐘頭打開。水藻很快消失了，留下薄薄一層必須移除的棕色泥狀物。如果管理方式的改變仍然成效不足，那麼也有不傷害水草的特殊處理方式。其中較佳的對策將會改變水質，會消除基本的鹽份，但也會預防水藻的滋生。這些改變對水族箱裡的水草都不會有太大的影響。

上圖：這片椒草的葉子上很明顯有細微的垃圾。等一下會用虹吸碎石清潔器將它們移除。請仔細檢查所有的水草，看是否有潛在的問題。

下圖：玻璃被水藻附著，這種情況並不罕見。即使在管理完善的水族箱裡，水藻也可能一夜之間就氾濫成災。立即採取行動便可控制它們。

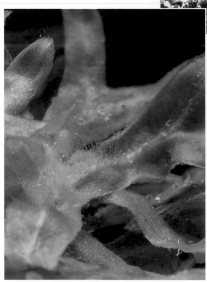

左圖：水藻也影響了水族箱前景區的鹿角苔，但它們同樣可以用虹吸的方式將之清除。清除水藻是很重要的事，因為它們會嚴重干擾植物的光合作用。

天然的水藻控制方法

如果你的水族箱面臨了嚴重的水藻問題，在降低磷酸鹽和硝酸鹽濃度、且其他處理方式也無成效時，那麼你可以試試一個天然的解決方法。多數吃水藻的魚只會吃牠們喜歡的藻類，但某些米蝦屬的蝦子則會吃幾乎所有的藻類。最好用的品種就是大和藻蝦，又稱為藻蝦或多齒藻蝦。這個小東西會不停地消滅所有物體表面上的水藻，尤其是葉片表面和基質表面的，並且不會對健康的植物造成傷害。除了吃掉水藻外，蝦子也能幫助植物免於細微垃圾的沾粘，讓植物能夠吸收到最多的光線。為了獲得最佳效果，你可能需要一大群蝦子：對一座 60x30 公分（24x12 吋）的水族箱來說，大約十二至二十四隻蝦子就應該能完全控制水藻滋生的問題了。

上圖：大和藻蝦長大後，背脊上會有一條明顯的黃色條紋；但幼蝦基本上是透明無色的。你需要養好幾隻，才能獲致不錯的成效。

由於這類蝦子的體型都很嬌小，因此你要確定你的水族箱裡所飼養的其他魚，都不是會將牠們當作可口點心來獵殺的那種。蝦子對水質的變化很敏感，你若對水族箱進行了任何處理或保養（尤其使用了含銅材質的東西），一定要對水質做檢測以確保其潔淨。

蝸牛的控制

除了水藻外，水族箱裡另一個讓人討厭且難以對付的東西就是蝸牛。蝸牛的繁殖速度很快；牠們不但會讓水族箱變得很難看，有時甚至會造成傷害。蝸牛幾乎是無法避免的，牠們通常會隨著水草悄悄地進駐你家的水族箱，但多數情況下，牠們的數量不多，也不會造成破壞。當蝸牛的數量成為問題時，你首先要檢查的是你投的餌料量是否太多，因為蝸牛肆虐的大部分原因都是由水族箱裡殘留的食物造成的。

想要移除大部分的蝸牛不但是件困難的事，也很耗費時間。消滅蝸牛的化學藥品種類不少，但成效有限，而且大量的蝸牛屍體也會造成水質問題。你可以使用蝸牛捕捉器，但這個方式需要很長的時間才會見效。

控制蝸牛最有效的方式其實是：自然捕食，也就是養許多種會清除蝸牛的魚類，如鯰魚和鰍魚。這些住在水族箱底層的魚會吃掉蝸牛，但通常只吃小蝸牛。有一個比較特殊且效果顯著的控制方式是：養一種會獵食其他蝸牛的蝸牛品種。這種殺手蝸牛會獵捕其他較小型的蝸牛。殺手蝸牛的主要食物就是其他品種的蝸牛，因此，牠們會在水族箱裡到處搜尋獵物，直到那些小蝸牛所剩無幾。殺手蝸牛的繁殖速度較慢；當牠們的食物來源消失殆盡後，牠們就會轉去清除那些沉到水底的餌料了。

下圖：並非所有的蝸牛都是很和善的清道夫。殺手蝸牛就會積極地獵食其他較小型的蝸牛。這個蝸牛控制法不但奇特且效果顯著。

保養與維護

如前幾週所見，如果我們想讓水族箱看起來漂亮並維持其環境的健康，那麼定期的維護與保養是絕對必要的。在採取任何步驟之前，請先備齊所需的工具，包括一個換水用的乾淨水桶、一把修剪水草的銳利剪刀、及一個裝垃圾的容器。先關掉電源。給自己充分的時間，如此你才能小心且從容地執行工作，也才不會對水草和基質製造沒必要的干擾。

　　玻璃需每週清潔一次。隨著時間過去，你要特別注意種在水族箱四周的植物，否則它們會因長得太茂盛而阻擋了你清潔玻璃的路徑。你可能需要稍微撥開靠近水族箱前側玻璃的基質，以便清除長在基質層下面的水藻。做這個動作時要非常小心，以免傷害到任何植物的根部。如果有疑慮，那就別管那些長在基質層下面的水藻了，否則可能得不償失。

上圖： 前側的玻璃明顯有水藻附著。用一塊過濾用的玻璃纖維將它們清除，順便將整片玻璃擦拭乾淨，讓觀賞者能清楚地看見水族箱內的景觀。

檢測磷酸鹽的濃度

自來水含有磷酸鹽，魚糧餌料也會在水裡逐漸溶解出磷酸鹽，而這可能會讓討厭的水藻一夕之間滋生，因此必須控制其濃度，才不會破壞水族箱的景觀。經過七週後，本書所示範的水族箱出現了濃度超過2.0ppm的磷酸鹽。我們懷疑這是水藻開始出現並滋生的原因。看到這情形，別驚慌。使用磷酸鹽含量較低的水將部分的水換出，便能降低水族箱裡整體的磷酸鹽濃度。使用合成樹脂做成的過濾介質，也能迅速降低磷酸鹽濃度，讓水藻死亡消失。

從水族箱取出水樣，然後慢慢加入八滴黃色瓶子裡的試劑。

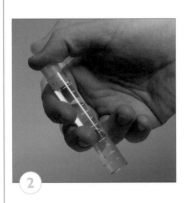

用蓋子將試瓶塞緊，然後將它徹底搖一搖。根據說明書的指示，給予充分的時間以顯示結果。

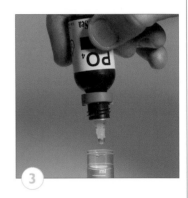

將綠色瓶子裡的試劑加兩滴到溶液裡。每一個步驟，不同的廠牌會有不同的瓶子數量和滴數。

再把瓶子搖一搖，並等待說明書所指示的時間。一定要完全遵照廠商所附的說明來操作。

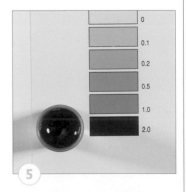

將蓋子取下，從上方觀察試瓶裡的溶液，然後將它的顏色與所附的圖示做對照。

一旦將手伸進水裡工作，你可能需時時擦拭水族箱外側的水珠。清理水族箱的玻璃時，一定要用水族箱專用的玻璃清潔用品，因為它們專屬的製造配方不會傷害水族箱內的生物。一般家庭用的清潔劑都含有化學毒素，會傷害魚隻，因此在靠近水族箱的任何地方都不可使用。

修剪植物

我們在第三週時討論過（請參閱第 104 頁），修剪水草，讓它們不要橫生亂長、超越你給它們所設定的範圍，是有其必要的。同理，你也要常常修剪殘枝老葉，因為它們很快就會在水族箱裡腐爛，而其所產生的有機廢物會給生物過濾系統造成過重的負擔。本書所示範的水族箱正發生這樣的事：有幾片皇冠草的葉子因為組織死亡已經開始枯萎變成了網狀。修剪枯葉時，要盡量靠近植物根部的地方，如此才不會留下太多會腐爛的部分。修剪水草的工作必須定期進行。

清理二氧化碳泵

水族箱的二氧化碳添加泵也需定期保養。修剪珍珠草時，有幾片小葉子被吸進了泵的入口；用手指將它們移除即可。每隔兩個月，需將此泵取出檢查，將它的推動器沖洗乾淨，並查看是否有任何耗損。

上圖：修剪植物時，剪下的葉片可能會卡在二氧化碳水泵的入口。用手指將之移除即可。

下圖：修剪珍珠草時，剪下來的葉梗會在水族箱裡四處漂浮。修剪完畢時，請用細密的網子將它們撈起來。

上圖：定期給珍珠草「理髮」不但能讓它們看起來整齊漂亮，也能鼓勵它們長出鮮嫩茂密的葉片。一次徹底的修剪比每隔幾天就零碎的修剪好。

上圖：用一把銳利的剪刀，將葉子從其靠近根部的地方剪下，並取出水族箱。如果你定期修剪水草，它們就會保持狀況最好的樣子。

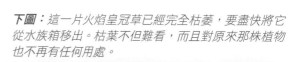

下圖：這一片火焰皇冠草已經完全枯萎，要盡快將它從水族箱移出。枯葉不但難看，而且對原來那株植物也不再有任何用處。

*上圖：*換水的目的就是要將水族箱裡 *10-20%* 的水換掉。這個圖片所呈現的是水被吸走後的水位。

*下圖：*使用虹吸清理器，你不但可以換水，同時還可移除像單月苔這類植物身上所沾黏的藻類和垃圾。

換水

從第三週起我們便開始了換水的程序，以稀釋不斷產生的硝酸鹽。在藻類大量湧進水族箱後，水草之間以及基質上都會有很多藻類死亡的殘渣。切記，這些死亡的水藻也要趕快清除，以免它們在水族箱裡腐爛。執行這個工作的最佳工具就是有虹吸作用的石礫清潔機。接下來，我們要仔細觀測如何使用這個工具，同時給水族箱換水。

　　大部分優良產品都有一個內置的自動機械裝置，你不需冒著吸入一嘴水族箱髒水的風險去吸水管的另一端。這個工具有一條大管子和一個寬闊的吸嘴，讓你能像使用吸塵器般，在將水吸到桶子裡的同時大範圍地清理水族箱。請輕輕移動吸嘴，將葉片上和基質上那層死亡的水藻吸起來；它們被吸進管子裡後，會在管子的水流裡翻滾，與碎屑產生分離，重量較重的基質顆粒會重新跌回水族箱的底層，而較輕的汙泥會被吸入管子、流向另一端的桶子裡。在水族箱各處重複這個動作，但在整個清理的過程中，被吸出的水量不可超過整個水族箱水量的 **25%**。如果不能一次完全清理整座水族箱，別擔心；在下週清理時記得處理前一週沒清理到的地方即可。當桶子裡的水裝滿時，先暫停手上的工作，把水倒掉，再重新開始之前的動作。不要將水族箱吸出來的最後一桶水倒掉，因為在下一個階段的保養裡，也就是清潔過濾器時，你會用

*右圖：*繼續將水吸出來，同時儘量清除植物和石礫上的水藻和垃圾，直到水降到滿意的水位為止。可別把魚也吸出來了！

有彈性的虹吸管將水從水族箱裡吸出來。

*下圖：*在水族箱的四周輕輕移動虹吸清理器。它會將基質上的有機垃圾以及你在修剪植物時所擾動的所有廢棄物吸起來。

*右圖：*將吸出來的水導入放在地上的一個水桶裡。虹吸清理器基本上只會吸出重量較輕的垃圾，並不會傷害到基質。

到它。

清潔水族箱內的過濾器

所有的過濾器，不管是箱外式的、懸掛式的、或我們這座水族箱所用的箱內式的，都需要定期保養，如此機器才能正常運作並延長使用壽命。

先把過濾器拆裝，然後按照以下幾個步驟所示範的，把每一部分都清洗乾淨。將所有零件放在水桶裡，用剛剛從水族箱吸出來的水沖洗它們；如果有頑固的垃圾，可使用一小塊過濾玻璃纖維將之刷除。

整座機器唯一會動的零件就是那個旋轉打水用的推動器；將它洗乾淨並檢查是否有磨損或破裂。在使用幾個月後，若有出現任何損壞的現象，那麼就要立即更新，因為一個耗損且離心的推動器會破壞電機頭，使得整座機器無法運作。在水族店就可買到推動器的備件。

最後要清潔的部分（也是最髒污的部分），就是生物過濾介質。我們這座水族箱所使用的過濾介質是藍色泡沫膠，它也會卡住水族箱裡的固體垃圾。在水桶的舊水裡輕輕擠壓泡沫膠，差不多就能將它所有的髒污和垃圾擠出。在這個保養階段最重要且一定要記住的是：過濾介質維護了對魚類的生存而言很重要的亞硝化菌和硝化菌。千萬不可用自來水沖洗任何過濾介質，因為自來水含有氯和氯胺，而這兩種化學物質都會殺害過濾器裡的有益菌（請參閱第 92 頁的詳細說明）。

等所有零件都清洗乾淨後，再把它們組裝回去，然後

上圖：在進行水族箱的保養工作前，一定要先將電源關掉；為了保險起見，最好把插頭也拔掉。然後，再把過濾器從它的支架上取下來。

右圖：水桶裡裝著從水族箱吸出的舊水。將推動器取出來、放進水桶裡。拆裝每一項零件時，將過濾器立在水桶裡，這樣比較方便操作。

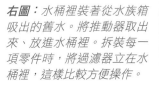

上圖：將裝著過濾介質的容器打開。內掛式的過濾器每四到六星期就得清洗一次。如果你要戴著手套，請選擇能讓你的雙手俐落工作的那種。

上圖：把過濾泡沫膠從容器裡取出，放進水桶裡。使用從水族箱裡吸出的舊水清洗過濾介質，如此你才不會破壞泡棉裡累積的細菌。

上圖：用一塊浸泡過舊水的過濾玻璃纖維刷洗容器內側。刷洗乾淨後就可較清楚地看見其內部，方便你檢視過濾泡沫膠放進去後的情況。

上圖及右圖：若需要的話，可使用一塊新的過濾玻璃纖維。容器內外都要刷洗，將卡在狹縫的所有水草葉片等都仔細清理乾淨。

上圖：將插在過濾器內用來撐住過濾介質的金屬薄板刷洗乾淨。由於水族箱的好壞非常依賴過濾器的效能，因此每一項零件都要盡可能地洗乾淨。

上圖：將堆積在推動器及其軸片上的軟泥刷洗乾淨。趁著清洗，順便檢查它們是否有任何耗損、需要更換。

活性碳

活性炭是一種非常好用且容易取得的過濾介質。它會將化學物質、毒素及有機廢物等吸附到其表面上的活性點，藉此將那些有害物質從其過濾的水中清除。活性碳的來源很多，也因此各有不同的特質。最佳使用策略便是同時使用不同的產品。活性炭要放在過濾器裡一個單獨的槽內，或放置在一個過濾介質袋裡；這是因為，設若水族箱在進行疾病處理，那麼它們就必須被移出。活性碳每四到六週就要更新，並且要遵照廠商的說明來處理。

下圖：假如過濾器內有一個放置介質用的單獨小盒，那麼你就可用它來裝置活性碳。更換活性碳前，請先將小盒內外刷洗乾淨，並將盒內底部的泡沫膠墊拿出來放進舊水裡洗淨。

上圖：使用活性碳前，先將它們放進一個細網子裡，然後放在水龍頭底下沖洗。這個動作可以將活性碳上的灰塵及細微顆粒沖洗乾淨，免得它們將水族箱裡的水弄得混濁不清。

下圖及右圖：將泡沫膠從容器裡取出，然後在水桶的舊水裡擠壓它，如此，在清洗泡沫膠的同時可保留其中累積的細菌。要把泡沫膠上任何可見的垃圾都清除。

下圖：清洗得差不多時，過濾泡沫膠看起來應該乾淨多了。如果泡沫膠在擠壓後不會回復原狀，那麼這時你就可能需要更換新的泡沫膠了。

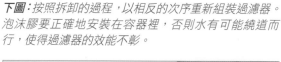

更換新的過濾泡沫膠時，將舊的那塊切半，新的那塊也切半，然後將新舊兩半放在一起使用。一個月後，新的那半塊泡沫膠應該就會累積很多硝化菌了。

下圖：按照拆卸的過程，以相反的次序重新組裝過濾器。泡沫膠要正確地安裝在容器裡，否則水有可能繞道而行，使得過濾器的效能不彰。

下圖：將推動器適當地安裝後，再將水泵放在容器上方鎖緊。把過濾器放進水族箱內，並確認裡面灌滿水。過濾器內若有空氣堵住，它就無法有效運作。

清潔過濾器時，千萬不能讓過濾介質乾掉了。清潔後的過濾器，要儘快放回水族箱內。

放回水族箱裡。記得要將電源打開，以確認整個過濾系統是否正常運作。過濾器可能需要每月清洗一次。

趁著水族箱水位低時，你可順便進行一下重要的水草養護工作。雖然我們已經給所有植物預留了發展空間，但本水族箱右側角落裡的特紅皇冠草及溫蒂椒草成長旺盛，已逐漸遮住種在前景區裡的矮珍珠的光源。光線不足的話，矮珍珠會遭殃。為了預防不可挽回的傷害，我們有兩種選擇：一，將中景區的植物往後修剪，或二，移動前景區的植物。你可先從檢查中景區的植物開始。想像一下：修剪它們是否會讓它們看起來不自然？如果是，那麼，移動前景區的植物便是一個較好的選擇。經過評估後，我們決定移動本座水族箱前景區的植物。在你將手伸進水族箱前，先確定要將它們移植到哪裡去。檢視一下哪個位置會有光源直達水族箱的底層。一旦決定新的種植地點，便請將你的手指微曲、輕輕插入植物四周的基質裡，然後慢慢地將植物提出基質。接著，同樣以手指微曲的方式將它種回基質裡，再將植物周圍的基質小心地推回植物的根部。種好後，經過一兩週，它就會又開始茁壯成長了。

給水族箱重新注水

當所有的保養步驟完成後，接下來就是給水族箱重新注滿水。冰涼的自來水可能會對水族箱造成溫度衝擊，因此要先讓它升溫：將自來水放置二十四小時或加入一些煮開的水，讓新水的溫度與水族箱裡的水溫一致。不可使用加熱過的自來水，因為經過加熱器的自水來可能會含有有害的重金屬。在新水裡加入一些水質調節劑（請參閱第 90 頁），並將之攪勻。當這個步驟完成後，再用一個水壺裝水然後將之倒入水族箱裡。最好不要直接用水桶來倒水，因為那樣水量太重，不好控制。

1. 這株矮珍珠草已經被它周圍的植物遮住了光線，需要往前移植。

2. 握住根球並鬆動植物周圍的基質，然後將它輕輕提出基質。小心別傷害到了植物細緻的根部。

3. 決定新的種植地點後，用一根手指在基質上挖個坑，然後將植物的根部塞進坑裡。

4. 將植物周圍的基質堆向根部並將之壓緊。仔細監控所有水草的成長狀態是很重要的事，尤其要特別注意那些較小型的品種。

5. 在移植後光線較明亮的新位置上，珍珠草應該就會有很好的成長。一座生動漂亮的水族箱是一個不斷變化的環境，而類似這樣的調整有助於水族箱維持其最迷人的樣子。

給被遮住光線的水草一個機會

左圖：移植一株矮珍珠草後，再看看其他株的進展如何。

在水族箱右側的這一株矮珍珠，它的光線也被遮住了。

左圖：移植後，這株水草的位置看起來好多了。只要情況良好，這三株矮珍珠很快就會長在一起變成一片。

上圖：當所有的保養步驟完成後，就可重新給水族箱注水。新水必須按照第 92 頁所描述的方式經過調節劑的調節。即便少量未經處理的自來水，也可能對魚群造成傷害。

上圖：將調節過的水慢慢倒入水族箱中，以免攪亂植物和基質。新水的溫度最好與水族箱裡的水溫一致或差不多。

給水草添加養分

跟所有的生物一樣,植物也需要「食物」才能成長茁壯。它們所需的營養一般稱為高量營養素或微量營養素。植物對高量營養素的需求比對微量營養素的需求大,但兩者對植物的存活而言,同等重要。高量營養素主要負責植物結構的成長,而微量營養素則用在植物細胞內的生化過程。這些營養素所扮演的角色會詳列在以下幾頁的框框裡。

右圖:將量好的肥料劑量倒入水中。切勿自以為是地倒入超過說明書所指示的劑量。過度施肥或營養不足,都會對植物造成傷害。

下圖:品質優良的液態肥可以給水族箱的植物提供鐵及其他寶貴的營養來源。請固定施肥:通常每一或兩週一次。

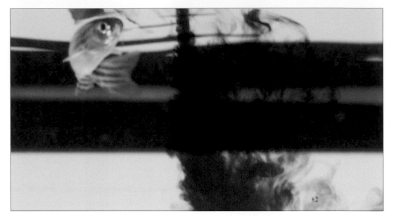

基本的微量營養素

硼: 在植物的成長過程裡,許多時候都會需要硼。

氯: 植物在其生化過程中,包括光合作用時,都會需要少量的氯。

銅: 植物呼吸時,其與呼吸相關的酶會需要銅。

鐵: 對植物的呼吸、葉綠素的合成及酶的生產等而言,鐵是一個不可或缺的微量營養素。

錳: 當植物產生葉綠素並行光合作用時,都需要錳來啟動它的酶。

鉬: 植物的某種酶需要鉬來幫助它將硝酸鹽分解成它製造蛋白質時所需的銨。

鎳: 植物的某種酶在將尿素轉化成氨時,需要少量的鎳。

鋅: 葉綠素形成的過程中,需要微量的鋅。

養分的來源

自來水通常富含數種植物所需的高量營養素及微量營養素。的確,這些營養素的含量有時甚至過高,如磷酸鹽。一般而言,你只要定期更換水族箱一定比例的水,就能確定你的水草一定會獲得所需的養分供給。而只要再添加一些某種專利液體肥料便可提供或補充任何不足之處。

自來水及氮循環的終極產物硝酸鹽裡都含有水草所需的氮(請參閱第 92 頁)。植物也可吸收水中的氨作為氮的來源。

陸地植物從空氣中的二氧化碳獲得其所需的碳,但水底植物所依賴的是溶於水中的二氧化碳,而那樣的二氧化碳量是絕對不夠植物成長及維持健康所需的,因此,水中的二氧化碳濃度就必須靠水族箱的主人來給予強化,才能讓水族箱的水草生機旺盛。二氧化碳的濃度若不足,植物成長所需的光合作用就無法進行。我們在佈置水族箱初期所安裝的二氧化碳施肥系統(請參閱第 26 頁)將會給水族箱的水草提供它們所需的二氧化碳量。

當水族箱剛組裝好時,混有磚紅壤的基質以及肥料和有機廢物等,都可以成為植物的主要養分來源。磚紅壤所呈現的紅色顯示其富含鐵肥,而鐵肥是植物健康成長不可或缺的養分。磚紅壤會在第一年滋養植物;而一年後,我們就要開始補充額外的肥料,如此才能滿足植物的營養所需。

鐵肥在其較小的二價原子形式時,最容易為植物所吸收,而這也將是水草肥料所提供的鐵肥形式。鐵是數種金屬基的

微量營養素之一；在水族箱裡，它可能會因為被氧化成為另一種對植物而言較難吸收的三價鐵離子形式，而被植物忽略了。為了讓鐵能夠持續給水草提供養分，它就必須以螯化物的形式來供應。螯化物是一些與鐵綁在一起的有機化合物質，能預防鐵被轉化成無法吸收的形式。而一個好的基質應該長期含有螯合結構的養分。

雖然液態肥料通常能提供植物多種所需的微量營養素，但它們並不能提供主要的高量營養素。（添加過多劑量的硝酸鹽和磷酸鹽只會促進水藻的滋生。）大多數液態肥料必須每七到十四天添加一次，因為營養素很快就會被水草吸收掉了。

片劑肥料是液態肥料的另一項替代選擇。片劑肥料跟全面性滋養水族箱的液態肥不一樣；它可以用來給特定植物施肥。當基質裡的磚紅壤在一年後消耗殆盡時，片劑肥料就是

給植物添加營養時的理想選擇。片劑肥料通常富含鐵質及其他微量元素，且會慢慢地釋放。請務必遵照廠商的說明來決定用量。它的使用方法很簡單：選定你意欲施肥的植物，然後把藥片埋入該植物根部附近的基質裡即可。

最後一種植物養分的來源，也許令人想不到的，竟是魚的餌料。它們通常富含鉀和磷酸鹽，而吃了這種餌料的魚，其排泄物便可給水草穩定地提供這些養分。這個方式無法準確地計算養分的供給量，然而只要一座水族箱裡的魚數量不是太少，那麼這是一個不錯的滋養水草的方法。

沒吃完的魚飼料也可成為水草的養分，因為細菌會將殘餘的飼料分解，將其中所含的養分釋放出來。可惜的是，殘餘的餌料也會污染水族箱，給有害菌及細菌性疾病提供茁壯的溫床，因此無論如何要避免。

基本的高量營養素

鈣：植物在架構細胞壁時需要鈣。

炭：植物（事實上，所有的生物體）形成時，其主要構成要素就是碳。

鎂：鎂是葉綠素的重要構成要素。與植物生化過程相關的幾種關鍵酶也需要鎂來啟動。

氮：植物在製造蛋白質時，基本上需要以銨形式存在的氮。

氧：主要用在植物的細胞壁結構；植物在釋放來自食物之能量時的呼吸也需要氧。

磷：對根部的健康及花朵的產生，至關重要。在植物內部能量轉換的過程中，磷也扮演著一個重要的角色。

鉀：鉀對植物的生物功能，如繁殖與成長等，特別重要。

硫磺：植物產生蛋白質及光合作用所需的葉綠素時，需要硫磺。

添加片劑肥料

1 片劑肥可以直接從根部給植物提供養分。這種施肥法對需要很多鐵肥的植物最有效。

2 片劑肥都是泡罩包裝。只要剝出一片藥劑，然後將之埋入靠近植物根部的基質裡即可。

3 將片劑肥壓入基質內靠近植物根部或根部下面的地方，如此，當片劑分解後，植物就可從根部迅速地吸收其所釋放的必需養分。

第三批魚的加入

最後加入水族箱的魚，是一些比起前兩批魚來有較特殊需求的品種。

下圖所示這對鳳尾短鯛，不但會給我們的水族箱增添畫龍點睛之妙，甚至會在水族箱裡繁衍下一代。牠們的繁殖行為包括會設下一個保護幼魚的領地，而為了這麼做，牠們會去霸凌其他同住於水族箱的夥伴。因此，你要確保這類魚擁有足夠的空間與適當的領土，如此牠們才能夠與其它的魚夥伴和諧相處。

在這個階段，我們也會加入幾尾小精靈（耳斑鼠魚）。牠們會在水族箱裡扮演清道夫的角色，把水藻都吃掉。最理想的狀況是，水族箱裡會有一些水藻給牠們吃。雖然我們希望創造一個沒有水藻的水生環境，但是在水族箱裡這不大可能，因為藻類總是會在水族箱的這裡或那些悄悄滋生。如果水藻數量不足，小精靈很快就會學習吃原本要餵給其他魚類的水藻薄片。

上圖：水質現在已經穩定了，而我們也可以安全地加入第三批的魚了。這兩尾是小精靈。記得先將裝著牠們的塑膠袋浮在水族箱的水裡約二十分鐘。

下圖：這對鳳尾短鯛正等著從塑膠袋裡被釋放出來。最理想的作法是：將新魚先做隔離，以保護水族箱裡原先的居民。

上圖：當塑膠袋裡的水溫與水族箱裡的水溫一致時，你就可以把魚放出來了。丟掉塑膠袋前，一定要仔細檢查袋子裡面沒有魚了，才可丟掉。

上圖：將塑膠袋在水面上方倒置，讓魚兒自己游出來。不要在離水面很高的地方把魚傾倒進水族箱裡。這座水族箱裡將會養一群小精靈。

右圖：跟某些慈鯛品種不一樣，鳳尾短鯛（圖中所示是一尾公魚）可以很安全地養在水草茂密的水族箱裡。牠們不會長到太大，最大身長只有8公分（3.2吋），而且懂得利用水草來創造自己的領域。牠們甚至會在水族箱裡繁殖。

左圖：這尾剛放進水族箱的小精靈已經在一片水草上安頓下來了。這些勤勞的小鯰魚都愛吃水藻，會在植物的葉子上以及水族箱的玻璃上不斷忙碌地吃著，對水族箱的清潔而言，扮演著一個很珍貴的角色。

第三批魚

第三也是最後一批要加入水族箱的魚，將會創造
真正讓人眼睛一亮的水族景觀效果。這類魚
最好留到最後才放入水族箱裡，一是因
為牠們需要茂密的水草所提供的安全
感，二是牠們多少都有點領域性。如
果是在最後才被放入，牠們就不會將水
族箱完全視作屬於自己的私人領土，然後企
圖想把其他後來加入的魚趕走。這些魚很可能是
你所買的魚種中最昂貴的，也因此很值得讓牠們
入住一座成熟、穩定、且已經成功運作數星期的
水族箱裡。

母魚

公魚

*公的黑旗有較長的背
鰭，即使在公幼魚的
身上也很明顯。母魚
（上面那尾）有淡紅
色的臀鰭，且不會長
出很大的背鰭。*

黑旗

產自巴西的黑旗，最美麗的地方就在於
牠絲緞般的黑色紋理。這個別具一格的
顏色與日光燈和寶蓮燈的鮮豔色彩剛好
相反，但在其明艷的近親襯托下，反而
顯得特別突出。天性群居的黑旗雖然是
許多水族人士的最愛，但牠們卻不是很
容易照顧的品種。若要牠們健康成長，
水族箱必須有優良的水質，包括低濃度
的硝酸鹽等。狀況良好時，黑旗就可能
會展開繁殖行動，並會假裝找別的魚打
架。不用將之誤以為牠們是在霸凌其他
魚；牠們通常不會對自己或一起打架的
魚造成傷害。切勿將黑旗與較大型、具
有攻擊傾向的魚種養在一起。成魚最大
身長：4.5 公分（1.8 吋）。

紅鼻燈魚

產自哥倫比亞和巴西的紅鼻燈，是大自然的
絕世佳人，也是任何水族箱裡最璀璨的寶
石。黑白條紋的尾巴和銀色的身體，加上一
抹從鼻頭渲染到眼睛後方的鮮紅色，讓美麗
的紅鼻燈看起來彷彿是一幅孩童的畫作。柔
順如魚雷般的體型讓牠們能夠在水流湍急的
流域生活；牠們紅色的鼻子也喜歡享受從過
濾器噴湧出米的水流。請特別注意水族箱的
水質；濃度過高的硝酸鹽會傷害這種細緻的
燈魚。在水質良好、水草茂密的水族箱裡，
紅鼻燈的成長會有最好的表現。飼養一群八
尾左右的紅鼻燈，就會讓你的水族箱產生令
人眼睛一亮的效果了。切勿將牠們與體型較
大且具有攻擊傾向的魚種養在一起。成魚最
大身長：4.5 公分（1.8 吋）。

▲
紅衣夢幻旗

產自哥倫比亞的紅衣夢幻旗是黑旗的近親，同樣有黑色的紋理，只是皮膚的底色是紅色的。紅衣夢幻旗甚至比黑旗還要嬌弱，牠們需要非常優良的水質才能存活。不過，努力維護水質是值得的，因為牠們絕對會用美麗的紅色和溫和的舉止回報你。紅衣夢幻旗應該是最後加入你的水族箱的魚種之一；但是，在將牠們介紹給其他魚夥伴認識之前，你要先讓水族箱的水質儘量維持穩定。一次養六到八尾左右，看起來效果最佳。請勿將牠們與體型較大、具有攻擊傾向的魚種養在一起。成魚最大身長：4.5 公分（1.8 吋）。

慈鯛類

慈鯛會讓你的水族箱顯出真正的個性來。牠們是你所能選擇的觀賞魚中色彩最鮮艷華麗的品種。但除非你的水族箱尺寸很大，否則每一個品種最好只選一對。慈鯛的公魚和母魚在許多方面都很不同：顏色、體型、大小等，而這些差異使得牠們更具有吸引力。只要水族箱夠健康、穩定、且保養良好，那麼以下所介紹的幾個品種都很容易地就會在其中繁殖、生出一大群的小魚來。如同牠們在大自然時一樣，有些幼魚會被其他魚類當點心吃了，只有少數幾隻健康幸運的魚能長大；然而，當放到水族箱來時，此一狀況只會讓飼養牠們的挑戰變得更加刺激而已。慈鯛若產卵了，就會在水族箱裡捍衛出一個屬於自己的領域來，不過，只要你的水族箱種有足夠的水草供其他的魚躲藏、且與慈鯛共居的其他夥伴也都不是行動太緩慢的那種，那麼水族箱裡的所有居民就應該擁有足夠的空間、互不干擾地一起生活。以下所描述的幾種慈鯛，都只能與天性溫和的品種一起養。

紫肚皇冠

產自玻利維亞和巴拉圭的紫肚皇冠，臉圓圓的很可愛，能給水族箱帶來豐富的色彩。在產卵期時，牠們紅色的肚子會顯出藍色光澤來，讓牠們的色彩變得更加奪目。公魚和母魚的背鰭上都有一個特殊的黑色斑點，但公魚的背鰭會長得大一些。跟大多數小型慈鯛一樣，紫肚皇冠也會在水族箱裡忙來忙去的覓食，而且胃口很大。牠們較喜歡固體的藏身處，如木頭或石頭旁。即便在產卵期，這種小鯛魚也非常溫和，因此是共居水族箱觀賞魚的理想選擇。可不要將紫肚皇冠與紅鰓皇冠混淆了，後者在產卵期所呈現的攻擊行為，使得牠們不適合養在共居的水族箱裡。成魚最大身長：6-8 公分（2.4-3.2 吋）。

鑰匙洞短鯛

產自蓋亞那的鑰匙洞短鯛天性溫和，能夠跟大多數的其他魚種和平共居，使得牠們成為最受歡迎的慈鯛類水族觀賞魚之一。當牠們快樂的時候，其身體兩側明顯像鑰匙孔的斑紋就會變成深黑色，但若承受著壓力的話，牠們整個身體的顏色就會褪成暗棕色。除了身上的「鑰匙孔」外，牠們的頭部還有一條黑紋穿過眼睛直達兩側鰓蓋的邊緣。鑰匙洞短鯛成對的養時，會成長得最好；公魚和母魚會一起甜蜜地照顧自己的幼魚幾個月，再讓孩子們出去自謀生計。茂密的水草可以提供給牠們安全感。成魚最大身長：**10-12 公分（4-4.7 吋）**。

阿卡西短鯛

產自亞馬遜河流域的阿卡西短鯛，體型雖小，但非常優雅漂亮，鮮艷的色彩補足了牠們體型上的不足。美麗的金紅色背鰭和尾鰭與身體的深藍色皮膚形成強烈對比；頭部兩側的藍色光澤延展出大理石般的紋理，讓阿卡西短鯛看起來璀璨如寶石。公魚通常比母魚大，尾巴也比較尖。由於性別很容易區分，因此通常成對出售。然而，你若希望牠們繁殖，那麼你可能需要買一尾公魚及數尾母魚。因為體型嬌小，阿卡西短鯛最喜歡茂密的水草及根狀的木頭提供給牠們的安全感。成魚最大身長：8 公分（3.2 吋）。

維吉塔短鯛

這個色彩斑斕的小鯛魚產自南美，公魚的身上有非常迷人的鮮黃色。公魚的體型比母魚的大很多，且有較長的鰭，背上及身體兩側則有黑色斑紋。牠們可能會在水族箱裡繁殖，繁殖時會佔據一個洞穴，且會保護該洞穴，不讓水族箱裡的其他成員靠近牠們的卵或幼魚。品質良好的薄片餌料會讓牠們成長得更好。成魚最大身長：公魚，7.5公分（3吋）；母魚，3-4公分（1.2-1.6吋）。

黃金短鯛

比起其體型來，黃金短鯛搖擺的長背鰭似乎顯得有點太大了！金黃色的皮膚上閃爍著優雅的淡藍色光澤，讓牠們在水族箱裡非常奪目。一如其他慈鯛，黃金短鯛的公魚也比母魚的體型大一半，且有尖長的背鰭和尾鰭。產自南美的黃金短鯛喜歡躲藏在水族箱上水層的水草裡，因此你要添加一些葉片長得較高的植栽。成魚最大身長：公魚，8公分（3.2吋）；母魚，4-5公分（1.6-2吋）。

棋盤鯛

產自南美的棋盤鯛體型非常細緻
嬌小，連最小型的水族箱也能飼
養。沿著身體兩側的棋盤狀斑點
的邊緣，有兩條直達尾巴尖端的
淺藍色細紋。進入繁殖期時，公
魚的鰭會變成紅色，而母魚的鰭
則仍保持透明。公魚和母魚都喜
歡茂密水草所帶給他們的遮蔽。
要產卵時，他們會開始捍衛家
園，不過其他的魚應該都會識相
地避開。棋盤鯛會跟水族箱裡
大多數共居的魚和平相處，但最好
不要將他們與其它慈鯛類的養在
一起。成魚最大身長：公魚，9
公分（3.5 吋）；母魚可長到 6
公分（2.4 吋）。

鳳尾短鯛

來自亞馬遜流域的鳳尾短鯛，不管公魚或母魚，都有著絢麗的色彩，使
得他們成為最引人注目的水族箱展示魚，很值得愛魚人士的考量。公魚
有很大的、尖尖的背鰭，混合著紅色、橘色和黃色，斑斕亮麗，而這也
是他們鳳尾之名的由來。體型較小的母魚有著亮黃色的皮膚，身體兩側
則各有一條深黑色的斑紋，在水族箱裡的璀璨奪目不輸公魚。母魚雖然
體型較小，但卻較具有冒險精神，會在水族箱裡到處游動探索。鳳尾短
鯛不易繁殖，因為公魚喜歡同時和幾尾母魚在一起，而這會破壞水族箱
裡的平衡。不過，只有一尾母魚的話，牠可以在水族箱佈置的石頭或木
頭間選擇一個繁殖用的洞穴，而後公魚也許會屈服於牠的魅力。除非你
的水族箱很大，否則不要將他們與其它慈鯛養在一起。成魚最大身長：
公魚可長到 9 公分（3.5 吋）；
母魚可長到 5 公分（2 吋）。

紅肚鳳凰

產自奈及利亞的紅肚鳳凰，是水族店裡最常見的觀賞慈鯛。牠們會如此受歡迎，其主要原因就在於牠們身上特殊的色彩。頭部有黑黃條紋，腹部則有閃爍的紅色光澤。當水族箱的狀況良好、適合繁殖時，紅肚鳳凰跟所有小型鯛魚一樣，全身的顏色也會因為求偶而變得更鮮艷。公魚和母魚的差別在：公魚的背鰭較尖長，體型也比母魚大。紅肚鳳凰是最容易在水族箱裡繁殖的慈鯛。母魚會將卵產在洞穴的屋頂或任何平坦的表面上，而魚苗幾天後就會孵出幼魚來；公魚和母魚會保護自己的孩子直到牠們長大到能夠為自己覓食為止。為了確保幼魚的存活成長，請給牠們餵食魚苗專用的液體食物。這種魚食足以提供幼魚所需的全部營養。等牠們長大一點後，再轉用固體的魚苗餌料。每一座水族箱只能養一對紅肚鳳凰。成魚最大身長：8-10公分 (3.2-4 吋)。

母荷蘭鳳凰

公荷蘭鳳凰

翡翠鳳凰

雖然看起來跟紅肚鳳
凰很相像，但產自奈
及利亞和喀麥隆的翡
翠鳳凰通常顏色較黃。
不過，這個品種的色彩
變化很大，顏色端賴
野外原生種的棲息地而
定，牠們肚子上的紅色斑紋從橘色到
黃紅色、粉紅色、紫色都有。但不管
甚麼顏色，基本的共同點就是牠們都
有上面長著黑色斑點的黃金色尾巴。
翡翠鳳凰喜歡在茂密的水草裡尋求安
全感，但也需要足夠的空間以便能在
其中自由自在地游動探索。翡翠鳳凰
雖然也會在水族箱裡繁殖，但牠們比
紅肚鳳凰難照顧，因為牠們的幼魚比
較難餵食。當然，這不應該成為阻止
你飼養這些靈動小鯛魚的原因。水要
保持微酸。成魚最大身長：7-9 公分
(2.75-3.5 吋)。

荷蘭鳳凰

荷蘭鳳凰的公魚和母魚都有亮藍色的皮膚和網狀魚鱗；在這
個底色的襯托下，其頭部的黑色、白色、和金黃色圖案更叫
人驚艷。除了這些迷人的色彩外，牠尾巴的上下兩端還鑲著
一條紅色的邊。市面上看得到的顏色有很多種。產自委內瑞
拉和哥倫比亞的荷蘭鳳凰，因體型嬌小且天性非常溫和，很
適合養在較小型的水族箱裡。喜歡稍微茂密的水草。成魚最
大身長：7 公分 (2.75 吋)。

藍肚鳳凰

當你餵食的時候,雖然藍肚鳳凰也會冒險游到水族箱的中水層,但這個顏色精緻的小鯛魚其實在低水層的範圍內最自在。牠們最喜歡在水族箱底部到處游動。纖長的體型能給水族箱添加不同的魚體組合。顏色基本上是黃棕色,肚子則是藍紅色。尾巴和背鰭都有顏色明顯的條紋,其鮮亮的色彩不輸任何國家國旗的設計。產自薩伊的藍肚鳳凰較適合養在大型的水族箱裡,因為公魚會有一點領域傾向。茂密的水草和一些人工佈置可同時給藍肚鳳凰及其共居的夥伴提供良好的掩護。成魚最大身長:7-8 公分 (2.75-3.2 吋)。

該避開的小慈鯛

當你選購慈鯛時,以下清單所列的幾個品種,最好不要考慮,因為牠們較具領域性,可能會攻擊你家水族箱裡其他共居的夥伴。但這並不表示你非避開牠們不可,因為這幾個品種中有一些確實會為你的水族箱景觀增添亮點。然而,你若想飼養牠們,的確需要做一些特別的準備。除了以下清單所列的品種外,建議你也多聽聽水族店裡的專家的意見。

九間波羅
火鑽寶石鯛
火嘴鯛
紅尾皇冠
端口阿卡拉
紅魔鬼
德州豹

熊貓短鯛

產自祕魯的熊貓短鯛,是你佈置水族箱時所能選購的最佳短鯛品種之一。牠們幾乎沒有領域傾向,是很理想的共居魚。公魚和母魚的顏色雖然很不一樣,但同樣的燦爛多姿。公魚的身體兩側是鑽藍色的,腹部和臀鰭則是金黃色,尾巴還鑲著一圈紅色的邊。母魚全身是閃爍的金黃色,體型較小,身上有黑色的圖紋。牠們需要茂密的水草才會有安全感。熊貓短鯛的繁殖不容易,但水族箱的狀況若適合的話,牠們也可能在你的水族箱裡產卵。成魚最大身長:公魚 4-6.5 公分。

神仙魚

幾十年來，神仙魚一直是水族愛好者的寵兒。因為長著尖長的背鰭和臀鰭，牠們的身體呈鑽石狀，在水族箱裡看起來形狀非常的特殊。近年來，全世界的水族專家和商業養殖場已經培育出很多種的顏色變化，但其特殊的體型仍維持一樣。神仙魚產自亞馬遜流域，不過其原始色彩——銀色的身體，黑色的垂直線條——現在卻很罕見，雖然那才是最叫人驚豔的組合。一群身型肥厚的埃及神仙養在一起時，看起來美妙極了；牠們身上的條紋看起來也比其他較常見的近親動人。對水質的要求較高，喜歡微酸稍軟的水質。神仙魚因會攻擊身型較小的夥伴而惡名昭彰，尤其愛霸凌像日光燈和寶蓮燈魚這樣的小魚；因此，與牠們共居的同伴必須是身長 3 公分（1.2 吋）以上的溫和魚種，不可以是小型燈魚那種。只有在以最高規格保養且微酸的軟水裡，神仙魚才有可能會在水族箱裡繁殖。公魚最大身長：15 公分（6 吋）。埃及神仙可長到 38 公分（15 吋）高，25 公分（10 吋）長。

大神仙魚

埃及神仙

171

鯰魚

金線老虎異型

除了最小型的水族箱外，金線老虎異型幾乎可以養在任何水族箱裡，是很理想的吸口鯰魚，而剛入門的水族新手也會發現牠們很容易照顧。可愛的金線老虎總是開心地在葉片上或佈置品上掃除各種附生的藻類。除了顆粒狀和碎片狀餌料外，牠們對你偶爾沉進水族箱底的一小段黃瓜也會吃得津津有味。其身上金黃色的條紋能給水族箱增添不同的色彩和風格。跟多數鯰魚一樣，牠們也喜歡可以躲藏的地方。成魚最大身長：10公分（4吋）。

小鬍子異型

小鬍子異型是吸口鯰魚的一個超級典範。其頭部和腹部佈滿棕黃色斑點，但是，最讓牠們外型出彩的地方卻是鼻子上那些豎立的鬍子。當牠們在水底暗處到處摸索或當水質能見度很低時，那些鬍子可以幫助牠們探路。其特殊的身型也能給水族箱增添不同的觀賞魚體及趣味性。小鬍子異型常常在水族箱的裝飾品上跳來跳去、奮力地將石頭或木頭上的水藻搓掉。請給牠們準備可以躲藏的地方。成魚最大身長：12公分（4.7吋）。

滿天星大鬍子異型

這個小鯰魚擁有真正特殊的外型：黑色的皮膚，星星般白色的斑點，及鑲著白邊的背鰭和尾鰭。除了令人讚嘆的長相外，溫和的天性也是這個燦爛的小寶石為何如此適合共居水族箱來飼養的原因。請務必給他們提供隱藏的地方，以躲避過亮的光線。滿天星大鬍子異型喜歡微酸的水質，但是水族店也許會販售已經改良、能適應當地水質的品種了。成魚最大身長：8 公分（3.2 吋）。

黃金斑馬異型

這個漂亮的小鯰魚產自南美洲，是許多已經在水族店販售但尚未被科學界正式命名的鯰魚品種之一。他很樂意在共居的水族箱裡生活，但對於太靠近他最愛的藏身處的其它鯰魚則可能露出一點領域性。跟某些小鯰魚一樣，黃金斑馬甚麼都吃，也喜歡混合著紅蚯蚓和水藻片的點心。選購前，請記得詢問水族店人員其原本所居的水族箱的水質；他的酸鹼值不能超過 7.4。黃金斑馬異型可以長到 11 公分（4.3 吋）長。請用石頭、木頭等來佈置水族箱的景觀，好讓這種吸口小鯰魚有遊蕩的地方。

玻璃貓

因身體幾乎半透明而得名的玻璃貓產自東南亞。牠的長相非常有趣特殊：當牠在水族箱的中水層溫和地游動時，其背骨及支撐的骨架清晰可見。細長的觸鬚是牠的另一個外型特色。牠們需要有茂密的水草所提供的藏身處。一小群六到八尾養在一起時，景觀效果最好。成魚最大身長：9公分（3.5吋）。

小精靈

如果你的水族箱曾遭討厭的藻類肆虐，那麼小精靈這個品種就是解決此問題的天然方案。即使是最小的葉片或直立的玻璃，牠們都能棲息其上，努力地把附著的水藻搓掉，讓水族箱裡的水藻問題獲得全面控制。有鑑於這個不斷清掃的動作，請務必仔細觀察牠們，並在水藻量降低時，適時給牠們提供水藻粒或水藻片作為食物補充。小精靈的體型嬌小，很適合任何尺寸的水族箱。成魚最大身長：4公分（1.6吋）。

這些以藻類為食、深受消費者喜愛的小精靈還有另外一個品種，叫做耳斑鯰。比起傳統的黃金青苔鼠，耳斑鯰更適合水族箱的景觀，因為黃金青苔鼠不但會吃藻類，也會吃掉水草，並且在水族箱裡會逐漸變得具有攻擊性。但小精靈只會專注在自己的工作上，把長在整座水族箱裡所有地方的水藻清掉。小精靈的品種很多，也都需要同樣的照顧；換言之，當水族箱裡天然的藻量降低時，你要給牠們補充人工的藻類餌料。成魚最大身長：4.5公分（1.8吋）。

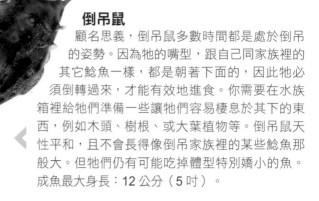

倒吊鼠

顧名思義，倒吊鼠多數時間都是處於倒吊的姿勢。因為牠的嘴型，跟自己同家族裡的其它鯰魚一樣，都是朝著下面的，因此牠必須倒轉過來，才能有效地進食。你需要在水族箱裡給牠們準備一些讓牠們容易棲息於其下的東西，例如木頭、樹根、或大葉植物等。倒吊鼠天性平和，且不會長得像倒吊家族裡的某些鯰魚那般大。但牠們仍有可能吃掉體型特別嬌小的魚。成魚最大身長：12 公分（5 吋）。

在其野生環境裡，倒吊鼠會清除葉片、木頭及水面的下方來尋找小蟲及其它食物。

直昇機

產自巴西的直昇機能給水族箱增添一種非常奇特的景觀。牠是魚世界裡的「竹節蟲」；當牠們棲息在石頭、葉子或樹根上時，體型看起來特別流線、優雅。不過，牠們游泳的姿態很笨拙，其偏長的體型是部分原因，另外，動作也受到自身具有保護作用、盔甲般的鱗片的侷限。牠們無法游很長的距離。這個天性溫和的鯰魚基本上在水底層活動，最喜歡能夠給牠們提供躲藏的地方，因為如此牠們才能不受比較頑皮的共居夥伴的打擾，能安靜地進食。請給牠們準備水藻粒和水藻片作為餌料，投擲時要遠離其它魚類吃的碎片狀餌料投擲的範圍。成魚最大身長：15 公分（6 吋）。

哥倫比亞直昇機

哥倫比亞直昇機的胸鰭和背鰭多數時候都是挺立的。這種鯰魚很容易辨識，因為牠們從鼻子到均勻叉開的尾巴都有寬闊的深色條紋環繞。鼻尖稍微往上翹，嘴巴則長在鼻子和眼睛的下方。哥倫比亞直昇機很會吃水藻；牠們控制藻類成長的能力大到甚至你必須給牠們補充藻粒和藻片作為額外的餌料。產自哥倫比亞，是非常溫和的品種，主要住在低水層和中水層。如果你將過濾器湧出的水流對準某塊露出來的石頭或木頭，那麼你就會看到牠們很開心地棲息在那裡。牠們是寬度 50 公分（20 吋）以上的水族箱最理想的飼養魚之一。成魚最大身長：15 公分（6 吋）。

斑馬小精靈

斑馬小精靈加入水族飼養的時間並不長，牠們直到 2001 年才開始面世。與其它小精靈家族的鯰魚一樣，斑馬小精靈也需至少五、六尾養在一起，才會開心成長。牠們會不斷地掃除水族箱裡的水藻；沒錯，牠們掃除藻類的效率好到你必須給牠們添加藻片餌料、萵苣或葫蘆類等的蔬菜，才能餵飽牠們。成熟、穩定的水質，對牠們而言不可或缺，因此這些可愛的小東西必須是最後加入水族箱的成員。成魚最大身長：4-4.5 公分（1.6-1.8 吋）。

鰍魚

馬臉鰍

馬臉鰍屬於鯉魚科，外型特殊，是水族人士最喜愛飼養的鰍魚之一。牠們的體型細長，喜歡鑽進基質層裡去搜索食物，而這個習慣也讓牠們成為了飼主的最佳聯盟，因為這樣做不但能保持基質的乾淨，還能預防基質變得淤塞與密實。馬臉鰍經常將自己埋進基質裡，只露出頭部來，而其他魚則在旁邊游來游去，忘了牠的存在。你需選購平滑沒有銳角的基質，免得牠們鑽進鑽出時傷到了自己的皮膚。馬臉鰍能接受顆粒狀或碎片狀餌料，也喜歡偶爾來點冷凍乾燥的紅蚯蚓或水絲蚓當點心。由於天性溫和，很適合共居水族箱的飼養。成魚最大身長：23 公分（9 吋）。

蛇魚

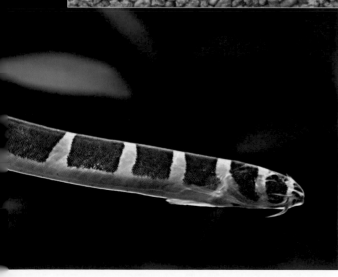

產自東南亞的蛇魚一直都是水族人士的最愛。雖然細長的身體很像鰻魚，但牠卻是鯉魚家族的一員。其魅力主要來自牠黑色皮膚上鮮亮的橘黃色斑點或條紋所形成的漂亮圖案。蛇魚為人熟知的還有牠的脫逃術，因此要確定你的水族箱有緊密的箱蓋。蛇魚是夜行俠，白天光線太亮時牠們就會躲起來，到了晚上光線降低時才會出現。請給牠們提供一些藏身處，如此，白天時這些慣居於水底層的生物才能有掩蔽處。牠們會吃壓碎的片狀餌料，也喜歡添加一些冷凍活食如紅蚯蚓和水絲蚓等作為點心。成魚最大身長：12 公分（4.7吋）。

彩虹魚

澳洲很少出產觀賞魚,但彩虹魚是少數的例外。東南亞附近的區域也有許多彩虹魚的品種。由於在水族店裡愈來愈常見到牠們的身影,其受歡迎的程度也愈來愈高。彩虹魚有很特殊的體型,而且會給水族箱帶來其它觀賞魚所沒有的金屬光澤感。其它迷人的特色還包括溫和的天性和活潑的生活方式:這兩者都是水族箱觀賞魚的理想條件。最好能養一小群,如此才能給牠們安全感,也才能讓牠們在水族箱的景觀裡成為注目的焦點。事實上,牠們很容易就能在其它品種的襯托下搶走水族箱裡所有夥伴的風采。吃顆粒狀或碎片狀餌料,也喜歡添加一些冷凍乾燥的紅蚯蚓和鹽水蝦等。

紅蘋果美人

紅蘋果美人是中水層觀賞魚;比起其巨大的身軀來,公魚的頭小得有點奇怪,而且背部長得特別高。公魚的顏色又紅又亮,母魚的顏色則較黃,並且也沒有高高隆起的背部。這種魚雖然很活潑,但個性很溫和,因此能夠跟所有的共居魚種和諧的相處,是水族景觀中的明星。牠們喜歡茂密的水草所給予牠們的掩護。選購前,請先檢測你家水族箱裡的水質;紅蘋果美人喜歡偏鹼且稍硬的水。如果水族箱裡的水是軟的,那麼你要加一點鹽及一些硬度礦物質,讓水變硬。紅蘋果美人成熟後體型頗大,因此不能養在小型的水族箱裡。成魚最大身長:15 公分(6 吋)。

小仙女

因其形狀特殊的鰭而得名 threadfin rainbowfish(絲鰭)。公魚的雙段背鰭有兩個顯著的形狀:鰭的前半段是圓的,像耳垂,後半段則是尖長的,像一條線。而與背鰭相對稱的,則是同樣形狀的臀鰭。兩條細線般的鰭都是黑色的,且其長度延伸到超過鑲著紅邊的尾巴。母魚的身上沒有這種細長的鰭。小仙女是彩虹魚家族中最小的品種之一,適合養在任何尺寸的水族箱。牠們基本上在中水層和上水層活動,需要茂密的水草作為掩護。切莫將牠們與泰國鬥魚或愛玩鬧的魮魚養在一起,因為後兩者都會嚙咬牠們的長鰭。成魚最大身長:5 公分(2 吋)。

年輕的公魚會在展示自己時將背鰭像旗子般挺立起來。

石美人

產自幾內亞的石美人有著令人驚豔的色彩，一向是觀賞魚飼主的最愛。石美人長大後，其頭部和身體的前半部是藍色，後半部則是紅色與金色的混合，前後兩種色彩形成極強烈的對比。切勿被你在水族店裡看到的石美人影響了你選購的意願；因為幼魚的顏色並不鮮亮，但等牠們成熟後，光芒四射的色澤就會出現了。石美人是中水層的魚，天性溫和，喜歡茂密水草所提供的掩護，且對水質也不像其他品種的彩虹魚那般敏感。不過，也要將酸鹼值穩定地維持在 7 度以上。成魚最大身長：10 公分（4 吋）。

電光美人

藍色金屬光澤的身體加上鮮紅色的背鰭、臀鰭和胸鰭，電光美人是一個真正叫人駐足讚嘆的品種。跟其它彩虹魚一樣，牠們的個性也很溫和，而且喜歡與同種的夥伴們為伍。產自澳洲的電光美人最愛在過濾器湧出來的水流裡活潑地玩耍。請給牠們準備可作為掩護的水草。喜歡酸鹼值介於 6-7.5 之間微酸的水質，也能忍受稍軟的水質。成魚最大身長：6 公分（2.4 吋）。

▲

紅尾美人

紅尾美人是彩虹家族中顏色特別生動的品種，四或五尾養在一起時，看起來鮮豔奪目，效果非常好。跟其他彩虹家族的成員一樣，紅尾美人也喜歡開闊的游動空間，但除此之外，牠們算是容易飼養的品種之一。請給牠們準備品質優良的碎片狀或顆粒狀餌料。幼魚基本上只是普通的銀色，且可能需要長達一年的時間牠們才會發展出美麗燦爛的色彩，但那個等待是值得的。其身體兩側的紅藍色，與其它彩虹魚的顏色能形成強烈對比。成魚最大身長：公魚 10公分（4 吋）；母魚 8 公分（3.2 吋）。

三線美人

三線美人也是彩虹家族的一員，其身上的多重色彩能給中型水族箱增添畫龍點睛之妙。三線美人的基本顏色會隨產地不同而出現多種變化，從金綠色到銀藍色都有，但不管身體是甚麼顏色，牠們都有一條從頭貫穿到尾的黑色橫紋以及帶著紅色光澤的背鰭、臀鰭和胸鰭。三線美人是中水層觀賞魚，天性溫和，喜歡有一點茂密植物的遮掩。成魚最大身長：12 公分（4.7 吋）。

▼

加拉辛

三線鉛筆

鉛筆魚是一個性情平和的家族，能夠給水族箱創造一種沉穩的感覺。其身上有三條很明顯的橫紋，形成一組非常漂亮的圖案。在上面兩條橫紋之間的皮膚是金色的，而每一片鰭與身體連接處都有一塊鮮紅色斑紋。請給這些中水層的嬌客準備碎片狀餌料，並給牠們準備一些可以躲藏的地方。切勿將鉛筆魚跟其它生性較忙碌的魚種養在一起，那會嚇到牠們。產自巴西的三線鉛筆多數時間都會停駐在讓牠們感到安全的水草間，但這樣反而更方便飼主仔細地觀賞這些可愛迷人的小魚。成魚最大身長：10 公分（4 吋）。

倒立鉛筆魚

倒立鉛筆魚特殊的舉止讓牠們成為水族箱裡一個有趣的景觀。顧名思義，這種鉛筆魚經常會將頭部往下垂落倒立。請提供一些躲藏的地方及身型較高的水草，好讓這些中水層觀賞魚感到安全。給牠們準備碎片狀餌料。成魚最大身長：16 公分（6.2 吋）。

陰陽燕子

有些魚種多半時間都在靠近水面的地方覓食，而陰陽燕子正是這個家族中最常見的成員之一。微微往上翹的嘴型顯示牠們習慣在水面找食物。雖然牠們會吃碎片狀餌料，但也要為牠們提供冷凍或冷凍乾燥的紅蚯蚓和水蚤等作為營養的補充。請準備一些漂浮植物，好讓牠們有藏身之處。陰陽燕子產自祕魯；其流線般的體型有如一艘帆船的龍骨，讓牠們即使在湍急的水流中也能保持絕佳的穩定性。在水族景觀中，你會看到牠們常常停駐在過濾器湧出的水波中一動也不動。陰陽燕子很會跳，甚至會飛出水面，因此你要確定家裡的水族箱有嚴密的蓋子。成魚最大身長：4公分（1.6吋）。

一線鉛筆魚

這個細緻的品種產自巴西，是小型水族箱觀賞魚的理想選擇；牠們安靜沉穩，以抬頭的姿勢在中水層緩緩游動。身上的條紋很具趣味性，也就是身體兩側各有一條黑色橫紋從頭到尾貫穿全身，且橫紋只進入叉開的尾巴的下瓣。跟所有鉛筆魚一樣，一線鉛筆魚也是天性膽怯的魚，只有在水草茂密、有許多藏身處的水族箱裡才會成長得好。必須與個性溫和的其他品種一起飼養。一小群至少五尾養在一起時，會讓牠們比較有安全感。請給牠們準備碎片狀餌料。成魚最大身長：6公分（2.4吋）。

鱂魚和迷鰓魚

黃金火焰鱂

鱂魚是觀賞魚中較為特殊的品種，偶爾可在主流水族店裡看到。大部分的鱂魚都需要酸性水質，這意味著牠們跟許多觀賞魚無法養在同一座水族箱裡。黃金火燄鱂產自西非，但水族店中出售的品種可能已經改良、能夠適應酸鹼值 7 度以上的水質了。如果你真的要買一條黃金火焰鱂回家，請先確定你家水族箱的水質是否適合。其酸鹼值不可超過 7.5 度，而硬度不能高於 18 度。如果你能提供正確的水質以及茂密的水草作為其所需的掩護，那麼這些住在中水層的漂亮寶貝一定會以其閃爍的金黃色身軀、美麗的圖案、生動的身姿等，給你最大的回饋。請給牠們準備碎片狀餌料，再加上一些冷凍乾燥的紅蚯蚓和鹽水蝦作為點心。成魚最大身長：6 公分（2.4 吋）。

泰國鬥魚

俗名叫做鬥魚是因為這個品種的公魚有一種本能：牠會在另一尾公魚靠近時與之展開搏鬥直到你死我活。有鑑於此，你的水族箱裡不可以養一尾以上的公鬥魚。幾尾母鬥魚養在一起卻是可以，因為母魚比較安靜溫和。母鬥魚若尚未準備好產卵繁殖的話，也不能與公魚養在一起，否則公魚會將母魚咬死。公鬥魚的外型很華麗，牠們的身上有搖擺舞動的長鰭，顏色則有紅、藍、綠、金等多種變化，在水族箱裡很容易就成為眾所注目的焦點。切勿將鬥魚與有嚙咬尾巴傾向的魚種，如四間鯽等，養在一起，因為對後者而言，鬥魚的長鰭會成為牠們鎖定的目標。鬥魚對水質的要求不高，除了極端的酸鹼值外，牠們幾乎可以在任何水質裡都活得很好。請準備碎片狀食物以及一些冷凍乾燥的紅蚯蚓和水蚤等作為餌料。水族箱裡必須有茂密的水面植物，因為公鬥魚最喜歡在那些水面植物下方潛行。成魚最大身長：6-7 公分（2.4-2.75 吋）。

避免飼養的魚

以下幾個品種也經常會在水族店販售，但牠們並不適合共居水族箱。

琵琶鼠。這種魚會因為長得太大而破壞了水族箱的整體景觀。水族店出售的幼魚看起來很吸引人，但等牠們長成 30 公分（12 吋）長的怪獸時，你的水族景觀就會毀了。比這適合的吸口鯰魚很多（請參閱第 172-173 頁）。同樣原因也要避免的還有另一個品種，那就是隆頭雕甲鼠。

三間鼠看起來非常漂亮，但也會長到不適合一般水族箱。在水族店裡，橙鰭鼠通常會作為三間鼠的另一個替代選擇來販售，但這種魚對較不活潑的其它魚種會展露攻擊性，把那些乖巧的魚兒整得病懨懨的。同樣會欺負人的還有閃電鼠及十二間鼠。

切勿把那些掠食性的品種買回家，不管牠們看起來有多漂亮。對於和諧共居的問題，你也可以請教水族店的專家，參考他們的意見。

餵食

觀賞魚若要成長良好，就需要均衡的營養，而這完全有賴飼主的提供。

在其自然棲息地裡，很多魚所吃的食物是形成部分天然食物鏈的活食。要複製此一食物鏈誠然是不切實際的選擇，但品質優良的加工餌料卻可提供魚兒所需的一切養分。你還可以用冷凍或冷凍乾燥的方式給牠們提供「活食」，作為營養的補充。

餵食，是掌握魚隻健康的最佳手段。你可趁餵食時，觀察牠們是否全部都有出來覓食、身體狀況是否都良好。仔細的觀察還能讓你確保每一條魚都有獲得自己該享用的食物。

碎片狀與顆粒狀餌料

一般而言，觀賞魚的食物來源中，最實用的就是魚類專屬的碎片狀或顆粒狀餌料。碎片狀餌料適合中小型（最大到 6 公分 /2.4 吋）的魚類；較大型的魚則適合吃體積較大的顆粒狀食物。選擇

脫水食物

脫水食物可以給大部分魚類提供牠們所需的主食。碎片狀餌料是最普遍的形式，在市面上也最容易取得。

請給你的魚慎選適當的食物。這些會沉入水底的顆粒狀餌料最適合住在低水層的品種。

加工餌料的竅門就是尋找一個有商譽的、能提供完整營養的品牌。所謂完整，需包括以下成分：

蛋白質魚類的成長與細胞修復都需要蛋白質。必要時，蛋白質也會在分解後提供能量。蛋白質最好是透過蝦粉或魚糧來供應，因為這些食物來源不但容易被魚吸收且不會導致牠們排泄過多的廢物。對熱帶觀賞魚而言，蛋白質應該佔據魚糧淨重的 35%-50%。

脂肪，或脂肪酸幼魚消耗掉的能量比成年魚多，因此牠們的食物裡需含有較高比例的脂肪，如此才能符合其需求。蛋白質只有在成長時派上用場。對成年魚

而言，脂肪的含量不能超過其餌料總量的 6%；任何多餘的部分都會被排泄出來，造成水面的浮油。

維他命所有的動物，包括魚，都需要維他命；缺乏維他命可能會導致各種問題。維他命 A 對成長而言不可或缺；維他命 C 則對皮膚的健康很重要。魚的皮膚狀況不好時，會對牠們造成很大的傷害，因為牠們皮膚上的黏液是預防疾病的第一道防線。維他命 B3 能幫助魚類處理其食物中的蛋白質。維他命 D3 對維持骨骼健康至為重要；若不足，魚兒可能會發展出脆弱、畸形的骨架。

市面上的魚糧都含有多種

左圖：碎片狀餌料很容易使用，但切勿不小心餵太多了。開始時，先餵一點點；之後，再視情況追加。習慣你的餵食後，有些魚甚至會直接從你的手指叼過一小片魚糧。

下圖：對進入水中的食物，魚兒很快就會回應。這時是你觀察牠們的好機會：看牠們是否全部都出來覓食了，並且正常地進食。請確定水族箱中各個水層的魚都有獲得各自該有的食物。

片狀餌料和餅狀餌料

片狀餌料和碎片餌料很相似，但形狀不一樣。

藻餅是吃水藻的低水層草食性鯰魚的理想餌料。

左圖：貼在水族箱玻璃內側的片狀餌料可將所有的魚帶到水族箱前側來，以供飼主觀察。當餌料逐漸分解時，美食的滋味就會將魚兒們從水族箱的各個角落吸引過來。

維他命，但它們很容易因過期、空氣與溼氣等，而遭到破壞。因此，請務必將魚糧存放在乾燥、涼爽之處，並且在過期前將之使用完畢。

碳水化合物一般而言，當魚需要熱量時，牠們比較能夠運用的是脂肪和蛋白質，而非碳水化合物。魚糧可能含有高熱量，但如果大部分熱量都是透過碳水化合物來提供，那麼魚可能也無法將之利用。碳水化合物的來源是蔬菜，且含有如澱粉、纖維素等這類複雜的糖類。人工餌料有相對較低的纖維含量。

色彩增豔劑某些原料能夠在對魚隻不造成傷害的情況下強化牠們的天然膚色，如此你便可以看到牠們最美麗的色彩。貝它胡蘿蔔素和蝦青素有這方面的功效，因此多年來一直被廠商當作增豔劑添加在餌料裡，但現在這兩種原

料已經被螺旋藻超越並取代了。這個淡水藻類有很強的色彩增豔力，應該成為優良餌料裡的標準成分。

免疫系統促進劑這是比較新的觀賞魚餌料添加物。免疫系統促進劑會啟動魚的免疫系統，這樣牠們便可有效地對抗任何病菌的入侵，而不需等待病菌入侵來刺激其免疫系統的回應。如此一來，便可進一步確保魚群比較能夠成功地擊退疾病的感染。最常被使用的添加物便是貝它葡聚醣。免疫系統促進劑也應該成為魚糧裡的標準成分。

以上這些成分的正確比例，都可在碎片狀及顆粒狀餌料裡找到。當你選購新魚時，可請教水族店的服務人員，你所想選購的魚原來吃的是甚麼樣的餌料，如此你將牠們買回家後就可繼續同樣的餵食計畫。即便想改變魚食的內

容，也要逐步進行。

片狀餌料

片狀餌料通常是由標準碎片餌料壓制而成。這個產品的設計主要是為了魚兒覓食時，飼主能輕易地觀察牠們。請將一片餌料壓貼在前側玻璃內面，水族箱裡的水及魚兒的啄食就會使它們逐漸分解。這個餵食的方式，其最大的優點在於：因魚糧集中一處，所有的魚必須前來覓食，而大多數的魚類都會自然地這麼做。若以片狀餌料餵食，就不要再提供其他形式的餌料；因為魚可能會忽略其他魚糧，而使得那些食物在水裡腐敗了。

餅狀餌料

某些魚類，尤其是鯰魚和鰍魚，喜歡含有豐富藻類的食物。因此，會沉到水底的餅狀餌料就比較方便給這些居於低水層的種類提供其所需。質地稍硬的餅狀餌

料沉到水族箱底層後，便會逐漸軟化，這時鯰魚和鰍魚就可大快朵頤了。建議飼主一次可多投幾塊，因為有些鯰魚會為了搶食吵架；如果沒有給牠們提供足夠的進食機會，那麼較膽怯的品種便會受害。

冷凍乾燥餌料

有些活食，例如水絲蚓，是在大自然停滯發臭的水裡成長的；牠們身上可能攜帶病原體，會在你不防備的情況下，進入你的水族箱，讓你的魚群感染了疾病。冷凍乾燥活食是一個安全的替代選擇。它們經過珈瑪射線的照射消毒，再經冷凍乾燥法的加工處理，可以保留其天然養分並長期保存。雖然觀賞魚都很喜歡這類食物，但它們所含的養分並不完整，因此只能當點心，作為正餐之外的補充。這類餌料通常做成方塊狀，可以貼在水族箱的玻璃上，讓你不但能夠觀賞魚兒搶食的瘋狂，也可注意那塊餌料是否被水流沖到某株植物或石頭下面去、在那裡腐爛而不察。

冷凍餌料

冷凍餌料也是經由咖瑪射線消毒病原體、再將之泡罩包裝後冷凍的餌料。這種餌料需保持冷凍狀態，要餵食時再拿出來解凍，然後再餵給魚吃。你可將所需的量剝下後放入裝著溫水的淺盤裡，以此加速其解凍過程。這種餌料的唯一缺點就是它們得保持冷凍狀態，而這意味著你可能得將它們與人類要吃的食物冰在一起；有些家人可能會反對這麼做。冷凍餌料一旦解凍，就要將它用完，用不完的話得將之丟棄，切不可再度冷凍。

活食

前文提及，有些活食可能攜帶病原體。但是，大部分水族店都很謹慎，只會販售專門培育作為魚飼料的活食，而這類活食都不大可能攜帶病原體。但為了更安全起見，請購買鹹水生物，如鹽水蝦或橈足動物等。由於沒有任何病原體可以從鹹水過度到淡水裡存活，因此這些活食是非常安全

冷凍乾燥餌料

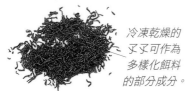

冷凍乾燥的孑孓可作為多樣化餌料的部分成分。

將水絲蚓做冷凍乾燥處理，是這種無脊椎動物作為餌料的一個安全方式。

冷凍餌料

將冷凍成方塊狀的紅蚯蚓解凍後，就是一道美味的點心了。

假期餵食

當飼主得離家一段時間時，最擔心的就是餵食的問題了。要解決這個問題，有幾個方案。健康的成年魚，可以一個星期左右不餵食，仍活得很開心。但如果你不在家的時間會超過一星期，那麼你可將每日餵食所需的量（碎片狀餌料或冷凍乾燥食品等）用鋁箔紙包好放在冰箱裡，再請一位朋友或鄰居來幫你投食。（記得要將餌料盒藏好，免得你的助手大發慈悲想給魚多餵一點食物。）或者，你可以投資一架自動餵食器。這種機器有碎片或顆粒狀餌料貯存盒；你可藉由機器上的定時器，設定一天釋放出一餐或數餐餌料。假期餵食塊則是另一種選擇。

左圖：假期餵食塊看起來像一塊粉筆，它會在水裡慢慢溶解，讓魚兒能夠享用其中所含的餌料。條狀的餵食塊可維持一週的釋放量。較大塊的食料甚至可維持一週以上。

右圖：這架由電池操作的自動餵食器，可以根據你所預設的時間釋放出碎片狀或顆粒狀餌料。餌料盒會轉動，所以不同的餌料會輪流落入水族箱裡。機器上有一鍵式按鈕，使用者可按照魚群所需來設定餵食量。這種機器安裝簡單，用夾鉗將機器鎖緊在水族箱的側邊即可。

右圖：水蚤是微生物的一種，很適合作為剛孵化的幼魚或小型魚的初始餌料。在水族量販店偶爾可買到。

下圖：適合作為水族餌料的活食包括水蚤（左）、紅蚯蚓（中）、及鹽水蝦（右）。它們通常放在裝滿水的塑膠袋裡出售。用一張細密的網將它們過濾出來。切勿將塑膠袋裡的水倒入水族箱裡。

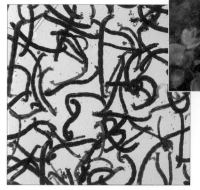

左圖：紅蚯蚓是蚊蚋的幼蟲，是觀賞魚最熱愛的點心之一。在水族店裡可買到冷凍及冷凍乾燥的包裝。

右圖：將一小塊紅蚯蚓放入水族箱後，你就會看到魚兒對它們的立即反應。當魚兒在餵食區吞食那些幼蟲時，你可觀察它們進食的樣子。

的。鹹水動物無法在淡水水族箱裡存活很久，因此你最好在幾分鐘內僅放入你的魚隻所能吃掉的分量；然而，魚兒們一定會津津有味地立即將牠們通通吞吃入腹的，因此這點應該不是問題！另一個選擇是陸上動物，例如蚯蚓；牠們較適合作為大型魚種的點心，你可偶爾給予添加。

該餵多少量

過度餵食是水質產生問題最常見的原因，而水質敗壞則會反過來造成魚兒的健康問題。因此，判斷魚的食量是一件很重要的事。餵食的黃金守則就是：在一分鐘內給你的魚提供其所能消耗的最大餌量；不能有殘餘未吃完的餌料，或有餌料沉到水族箱底層去。除了那些特別為低水層的魚所準備的、會沉底的片狀或餅狀餌料外，任何未吃完而沉到水族箱底層的魚糧，都是過度餵食的跡象。殘餘的食物會在水族箱裡分解，而腐敗後就會釋放出具有毒害的氨。

何時餵食

由於餵食是少數你能跟魚兒互動的時候，因此建議你選擇一個能坐下來好好觀賞牠們的時間，來進行餵食。魚會習慣一個固定的餵食時刻表，因此請選擇一個適合你自己的時間。水族箱剛佈置完後的頭兩個月，一天餵食一次即可；如此就可以在不給過濾器的細菌造成過度壓力下，讓水族箱的整個生物系統建立起來。之後，你可以一天餵食兩次。餵食前，請先確定沒有其他家人已經給魚餵食過了，如此才能避免殘餘食物在水族箱裡腐敗的風險。

在接下來的四週，你的水族箱會持續進步，並展現出你所設計的漂亮景觀。 ▶

景觀完成

經過十二週後，水族箱持續在進步。大部分的狀況都很良好，但最難成長的植物——前景區的矮珍珠與迷你矮珍珠——面對了一些問題：它們不如預期地長得好。這個問題的出現，有可能是因為光線不足、養分不夠等原因。光線不足的問題，可以在水族箱的前燈上加裝一片反光板來解決。反光板會將燈泡所發出來的光，完全反射到水族箱底層，並增加前景區的光線強度，如此一來，應該就能夠促進植物的生長。如果一段時間後，植物仍然沒有復甦的現象，那麼為避免它們在水族箱裡腐敗，你就得種其他的植物來取代，而那正是我們後來在這座水族箱裡所做的改變。

大葉皇冠草也露出了疲態，不像之前那般生機蓬勃。這是因為當它剛種下去時，葉子浮在水面上。一旦那株植物完全沉入水面下後，它就會長出新的水面下的葉片，而浮在水面上的原來那些葉片便會枯萎。請將浮在水面的枯葉剪掉，好讓水面下有足夠的空間讓新葉片來填滿。這個過程可能需要幾個星期的時間。持續補充二氧化碳及液態肥，就能創造出植物蓬勃生長的正確條件。

生物過濾器已經成熟了，水裡沒有任何氨及亞硝酸鹽含量的跡象。透過定期換水，硝酸鹽濃度也在控制中，而住進水族箱的魚兒們也證明了牠們才是整個景觀中的真正明星。黏在內側玻璃的片狀餌料將所有的魚兒都吸引到水族箱前面來，在整個景觀的中心點創造出如萬花筒般千變萬化且生動活潑的色彩來。

這就是佈置好的水族箱看起來的樣子。
其前景區裡有新種下的矮珍珠和迷你矮珍珠。

好戲才剛登場

完成佈置後的水族箱，現在已經成為整個室內注意力的焦點。經過十二週的發展，從選定石頭、木頭、和植栽，一直到加入觀賞魚，原本空無一物的玻璃箱如今已轉化成一座令人驕傲、景觀特殊的水族箱。在現代，由於水族愛好者所能選購的佈置品、水草、和魚類品種相當多，因此你幾乎可以根據自己的喜好，來創造出各型各類的家居水族景觀。其中一種設計就是全球自然環境的再造，例如亞馬遜池塘、非洲河流、東南亞沼澤、或帶著鹹水味的海灣等。

只要小心照顧，你所創造的水族景觀將會持續多年帶給你日常心情的愉悅。但水族箱裡的狀況是會不斷改變的，因為植物會長大、葉片會枯萎、新葉會冒出來等。有些植物可能會開花，或長出了新芽，而這些新芽剛好可作為繁殖新株時的理想原始材料（請參閱第199頁）。

下圖：魚兒通常會在水族箱裡到處探索，有些會喜歡水泵裡湧出的水流，有些則會避開。當植物穩定成長後，它們也會在過濾器湧出來的水波裡擺動，給整座景觀添增更多的律動感。

下圖：這對鳳尾短鯛剛好佔據了中央舞台，牠們將會在石頭和木頭間演出一齣鳳求凰的劇碼。牠們的繁殖儀式會給水族箱的景觀增添新風貌。

右圖：這個「三面視窗」
呈現了水族箱不同的觀
賞角度，讓我們可以追
隨魚兒在水草間游動穿
梭的身影。水族箱的景
觀基本上是一幅活動圖
畫，很快就會成為每個
人的注意焦點。

魚的健康

　　為了水族箱中的魚兒能永保快樂健康，請務必執行本書第 194-199 頁所提示的那些固定保養工作。水族箱若因缺乏維護而導致水質惡化，那麼魚隻就會暴露在那些可能會破壞其免疫系統的疾病風險中。如果一條魚不幸生病了，我們必須要能夠判斷牠是患了甚麼病，並給牠提供恰當的治療。如圖所示這條「不幸」的魚，其身上就有熱帶淡水魚在水族箱裡可能染上的所有一般病徵。其中多種症狀相當容易辨識；只要使用專利的治療藥物，魚即可痊癒。想要監測魚的健康，最關鍵點就是飼主需要保持敏銳的觀察。每天餵食時，也是檢查魚兒們「身體語言」的最佳良機。當一條魚生病時，牠不會像平時那般進食，或甚至完全不會進食，而且游動時，牠的鰭會夾起來、縮在身體的兩側。請仔細觀察，看你的魚是否出現了如圖中所示的不自然徵狀，這能幫助你判斷問題之所在並及時採取最佳處理方針。

黏液斑

魚的免疫系統對原生動物皮膚寄生蟲產生反應時，皮膚上便會出現這樣的黏液斑。情況嚴重時，黏液斑會幾乎佈滿全身。可能會伴隨拍彈的動作以及夾緊折疊的鰭。可使用抗寄生蟲藥物給予治療。

嘴巴潰爛

嘴巴周圍長出棉絮般的東西，可能是細菌或真菌感染造成。你可使用同時能對付這兩種感染的藥物治療。

眼睛浮腫

此症狀可能是由體內的細菌感染造成，在患有水腫的魚身上經常可見。眼部後方的腫瘤也可能造成此症狀。

魚鰓快速搧動

這可能是高濃度的亞硝酸鹽或其他水質問題造成，也可能是因為寄生蟲或細菌感染所致。請檢查水質，若有必要，立即做換水動作，不然就使用適當的藥物治療。

白色斑點

出現在皮膚與鰓上的糖粒狀白斑。這是寄生蟲感染的徵狀，稱為白斑病，是水族箱觀賞魚最常見的問題之一。藥物的標靶治療所針對的是寄生蟲在生命週期裡的游離階段；因此，為了達到治療效果，用藥期可能需要一段時間。若不予治療，水族箱裡所有的魚可能很快就會全部感染。

細金色斑點
非常細微的金色斑點是絲絨病的典型病癥，這是因皮膚感染寄生蟲所致。請迅速使用抗寄生蟲藥物做標靶治療。

真菌感染
任何皮膚傷害都可能會受到真菌感染而長出棉絮狀東西。為確保治療成效，請使用可同時治療外部細菌和真菌感染之藥物。

潰爛的鰭
鰭的邊緣產生潰爛且可能伴隨紅腫，是一種稱作鰭爛病的細菌感染所造成的典型症狀。可使用抗菌藥物治療並預防疾病蔓延到身體上。一旦治療成功，破損的鰭就有可能長回來。

突起的鱗片
身體腫脹使得鱗片像松果般突起，這是體內因細菌感染所造成的症狀，稱為水腫。水腫會阻礙魚對自身體內水位的控制力。可使用體內細菌治療藥物。

藥物使用步驟

1 根據說明書，小心測量出準確之藥量或滴數，然後將之加入從水族箱舀出的一壺水裡。

2 將放入水裡的藥物攪拌均勻。用作攪拌器的湯匙或工具必須是乾淨的、沒有沾到任何化學物質或髒汙的東西。

3 慢慢將拌勻的藥劑倒到水族箱的水面上。以這個方式稀釋藥劑，可確保藥物在水族箱裡均勻分布。

重要須知

請檢查所購買的藥劑是否使用簡單，並且附有吸量管或量杯的明確使用說明。

要紀錄水族箱的水容量（請參閱第 38 頁），如此你才能正確評估藥劑的用量。用藥過量可能會讓水族箱所有的魚死光光！

務必將藥品放到兒童無法觸及的地方。多數水族用藥都可能含有有害化學物質。

右圖：這條小魮魚身上有典型的水腫症狀。整個身體都腫脹了，使得頭部相對變小，眼睛凸出來。到了這個階段就很難治療了，但若早點診斷的話，就可使用專屬藥物獲得痊癒。

活生生的景觀

你所創造的水族景觀是一個活生生的環境，它會隨著時間不斷地改變和發展。為永保水族景觀的漂亮生動，各種定期的維護缺一不可。水族箱裡的所有生物都會排出廢物；如果讓廢物堆積，那麼生物循環系統就會過度負荷，導致整個景觀最終的敗壞瓦解。要如何做定期的維護工作，以下將提供讀者一個容易遵循的時序表。只要按照訂定的步驟，你就能讓水族箱的展示永保它加入第三批魚後的美麗與生動。

基本配備

除了供應足夠的魚糧和植物的肥料外，下面所列的配備及零件也至關重要：

加熱恆溫器
吸盤
過濾器用的承軸、葉輪、和密
　　封圈
過濾用玻璃纖維和（或）塑膠
　　泡棉
其他系統所需的過濾介質
乾淨的塑膠水桶或塑膠盆
活性碳
溫度計
網子
保險絲
日光燈管
日光燈管啟動器
氣線及氣石
水質測試工具
自來水調節劑
過濾器啟動產品

每天要做的事

每天檢查水族箱，應該是一件快樂的事，而不是一件麻煩的事。一般而言，一件工作愈需常做，其所需的時間就愈少。大部分日常工作的執行只需幾分鐘。

檢查溫度計。

檢查是否有魚不見了。魚屍若留在水族箱裡沒被發現，就會汙染水質並威脅到其他魚隻的福祉。也要查看魚是否有不舒服或不健康的跡象，例如身體及兩鰓出現紅斑、黏液分泌過多、浮到水面喘氣、或其他任何不尋常的舉止等。

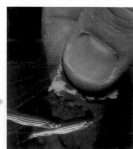

檢查水族箱內的過濾器是否正常運作。

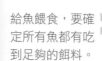

給魚餵食，要確定所有魚都有吃到足夠的餌料。

檢查燈源是否正常發亮。

將魚似乎不感興趣因而未吃完的餌料清除。

每 7-14 天要做的事

在每 7-14 天必須做的所有固定保養工作裡，其中最重要的就是如何維持良好的水質，例如定期換水，並對有毒廢物做檢測等。

檢測水中的酸鹼值以及氨、亞硝酸鹽、硝酸鹽等的濃度。

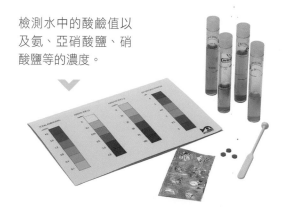

輕輕搖動細葉植物，將卡在莖葉中的細微垃圾移除。

石礫清淨機能透過虹吸的方式將基質中的細微垃圾吸除。

取出水族箱中 15% 的水，然後用同樣溫度且調節過的水取代。

將水族箱的玻璃清理乾淨，以免藻類堆積，最後難以清除。

請遵照說明書上的用量指示，給植物施液態肥。

必要時，請清潔水族箱的冷凝蓋，以免降低植物所需的光線度。

將凋萎或枯死的葉片移除。

每 4-6 週要做的事

每 4-6 週需要執行的保養工作，主要是過濾器的清潔。
過濾器是水族箱最重要的維生系統，必須固定檢修才
能確保其正常運作。所有的清潔步驟都必須在從水族
箱取出的水裡進行，以避免干擾生物介質裡的細菌。

◄ 清潔過濾器
的內部，包
括葉輪及其
套盒。

▲ 更換過濾器裡的活性碳。使用前，要先將新的
活性碳沖洗乾淨。

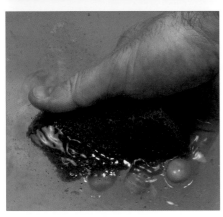

▲ 在水族箱取出的水裡清
洗塑膠泡棉。

▲ 所有的外部過濾介質
都要在水族箱取出的
水裡清洗。

▲ 更換過濾器的消
耗性材質，如過
濾用玻璃纖維。

▲ 更新二氧化碳施肥系統裡的酵母
糖溶液，並清潔水泵的入口。

每 6-12 個月要做的事

這個時期內的固定保養集中在更新水族箱設備的消耗性器材上。日光燈及過濾系統的零件一定會耗損,因此為了維持水族箱的最佳狀態,請務必檢查這些設備及其零件,並在它們完全失能前將之更換。

先更換過濾器內一半的過濾泡棉。至少過一個月後,再更換另外一半。

即使日光燈管還能使用,也要更換。

更換過濾器內的泵輪。

其它根據需求該做的事

如果水族箱種滿了水草,那麼維持其健康與茁壯便是定期保養的長期目標之一。當水草過度成長時,就要將它們做適當的修剪。請準備隨時面對緊急狀況,並確定家裡有貯存各種基本配備。

定期給水草補充片狀肥料。

必要時請修剪植物,以免某些水草的過度成長遮住了其它水草所需的光線。剪下的幼芽可作繁殖用。

定期檢查隔離箱的過濾器是否正常運作,以備購回新魚時或原有的魚生病時要隔離所需。

瞭解各種藻類

水藻是生長在水族環境裡的單一植物；它們通常會在競爭食物和光線時，被水族箱裡較「進化」的植物所淘汰。然而，萬一它們真的出現了，你就必須立刻採取行動將它們消滅，以免它們破壞了水族箱的景觀。藻類的成長可能相當迅速，因此必須馬上行動。但無論你採用何種處理方式，請務必確定它不會傷害到植物，因為某些方式可能會在消滅藻類的同時也殺害了植物。可能在水族箱內出現的藻類有以下數種：

綠水藻 當光線和營養太充足時，會導致水藻滋生，這時你的水族箱就會變成了一缸「豌豆湯」。你可調整光源計時器來減少過多的光線，或不要讓陽光直接照透整座水族箱。也可使用絮狀處理產品來解決這個問題。

髮藻 髮藻會一股一股地長在水族箱內的任何表面上，包括植物。

它的顏色通常是綠色的，但也可能是黑色或棕色。在添加適當的處理藥物之前，請先用手儘量將它們移除。你可試著減少水族箱的光照時間，以抑制這種藻類的滋生，也可嘗試增加二氧化碳的濃度。

軟泥藻 軟泥藻看起來類似髮藻，但卻是細菌的一種。這種地毯式

的綠色或棕色軟泥會在幾天之內就吞沒整座水族箱。通常只有在水質不良以及基本保養不足如殘餘餌料、枯葉未移除及石礫未清潔的狀況下，才會開始滋生。最好的處理辦法就是給水族箱換水，然後在水裡添加一種能夠控制這種爛泥的抗菌產品，並回歸定期保養的機制。它會跟其出現的速度一樣，很快就消失了。

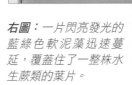

右圖：一片閃亮發光的藍綠色軟泥藻迅速蔓延，覆蓋住了一整株水生蕨類的葉片。

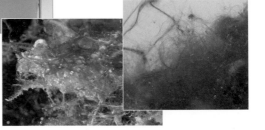

左圖：綠色的水，可能是在營養豐富、光線充足的狀況下，由一種迅速繁殖的單一藻類細胞所造成。

下圖：水族箱欠缺保養時，一股股棕色髮藻就會滋生出來，覆蓋了植物並導致植物窒息枯萎。

水的顏色

清澈透明的水不一定就是「健康」的水，因為它也可能含有氨及（或）亞硝酸鹽的濃度，對水族箱裡的生物具有無形的危險。然而，水族箱裡的水也可能因為以下幾種因素而產生明顯的顏色及水質的變化：

黃色的水表示水「老了」。疏忽換水會造成有機色素的累積。解決的辦法就是立即更換水族箱裡 20% 的水，並回歸定期更換 15% 的保養機制。過濾器裡的活性碳也要更換。

棕色的水通常是木頭的浸泡時間不夠以致單寧酸繼續溶出所造成。如果可能，請將木頭移出水族箱，並按照本書第 30 頁所指示的方式浸泡。另一個方式是，增加換水的頻率。有一些化學過濾產品也能消除這些顏色。

棕色、綠色或灰色的濃水，通常是過度餵食及水族箱缺乏固定保養所造成。請進行換水動作並清潔過濾器。使用水族專用的絮狀處理產品也可將那些

汙濁的粒子吸附住，如此它們就可以被過濾器清除了。

上圖：從木頭溶出的單寧酸將這座水族箱的水變成了茶棕色，雖然對魚的健康不會造成威脅，但卻很難看。

用剪下的幼芽繁殖

修剪植物整理水族箱的景觀時，所剪下的莖梗可作為繁殖的原材料。大多數的莖梗植物都可以藉由從頂部及中間部位剪下的莖梗來繁殖。修剪莖梗也能讓植物變得茂密，因為這個動作會刺激側芽的生長。

① 從植物頂端剪下有一些葉片和幾個莖節的一段。用銳利的剪刀剪在莖節之間。為了最佳繁殖效果，請選擇生長最迅速且最健康的莖梗。

② 將下面一、兩個莖節上的葉子修掉，這樣植物會較快長出根來。根會從修掉葉子的莖節長出來。種的時候要把它插入基質裡。

③ 將剪下的莖梗壓入基質裡，讓最下面的葉子剛好靠在基質表層。根會從莖梗的底部長出來，如此植物便會很快開始成長了，雖然最下面的葉子可能會枯掉。

用匍匐莖繁殖

許多植物會從匍匐莖長出幼芽來，因此為了保留較大數量的植株，在匍匐莖長出至少五或六支幼芽前，請勿將它們剪下。

母株可能會一次就長出一支以上的匍匐莖。

皇冠草的幼芽已經可以種入基質裡。

② 將每支幼芽分開，每支幼芽兩側皆須留有一小段匍匐莖梗。請小心拿取，手指要捏在葉子上，不要捏在莖梗上。

① 當母株長出幾支幼芽且每支幼芽都有至少兩、三片葉子時，你就可以用一把銳利的剪刀將那支匍匐莖剪下。

③ 將每支幼芽種進基質裡，每兩株之間至少要留有 5 公分的距離，以備未來成長空間所需。

照片來源

標示照片頁碼與位置：
(B) Bottom,(T) Top, (C) Centre, (BL) Bottom left 以此類推。

Aqua Press (M-P & C Piednoir): 11(B), 12(T), 58(L), 60(T), 62-63(BC), 63(R), 64(TR), 71(BR), 73(TC), 74-75(BC), 77(R), 78-79(C), 113(TL), 122(T,B), 123(B), 124(T,B), 124-125(B), 125(B), 126-127(B), 128(B), 130(C), 131(B), 132(B), 133(T), 134(B), 134-135(T), 135(T), 137(T,B), 138(CL,BR), 139(C), 162(C), 162-163(B), 164(B), 164-165(T), 166-167(B), 167(T), 168(T,B), 170-171(B), 172-173(C), 173, 176(L,C,B) 179(B), 180(B), 181(T), 182(B)

Peter Hiscock: 147

Jan-Eric Larsson-Rubenowitz: 141(T)

Photomax (Max Gibbs): 172(T)

William A Tomey: 170(T,C), 176(T)

Tropica (Ole Pedersen): 84(T)

致謝

感謝 Simon Williams at J & K Aquatics, Taunton, Somerset 在提供展示水族箱中的魚類上；Martin Pedersen of Tropica Aquarium Plants, A/S, Hjortshøj, Denmark 在提供用於拍攝的植物上；Kevin Chambers of Arcadia 在提供用於拍攝的照明設備上；Keith Cocker of the Norwich Aquarist Society 在魚類攝影上；David Cummings of Kesgrave Tropicals 在提供水族箱設備上；Swallow Aquatics, Rayleigh, Essex 在提供魚類及現場攝影設施上；以及 Maidenhead Aquatics, Crowland and Maidenhead Aquatics, Woodbridge 的慷慨協助。

國家圖書館出版品預行編目資料

熱帶水族箱：為自己創造一個絢麗的淡水世界！ / 史都華
.史瑞佛斯（Stuart Thraves）著；吳湘湄譯. -- 初版. -- 臺中
市：晨星，2018.10
　　面；公分. --（寵物館；72）

譯自：Setting up a tropical aquarium

ISBN 978-986-443-491-6（平裝）

　1.養魚　2.水生植物

438.667　　　　　　　　　　　　　　　　107012758

寵物館72

熱帶水族箱：
為自己創造一個絢麗的淡水世界！

作者	史都華・史瑞佛斯（Stuart Thraves）
譯者	吳湘湄
主編	李俊翰
編輯	李佳旻
美術設計	曾麗香
封面設計	言忍巾貞工作室

創辦人	陳銘民
發行所	晨星出版有限公司
	407台中市西屯區工業30路1號1樓
	TEL：04-23595820　FAX：04-23550581
	行政院新聞局局版台業字第2500號
法律顧問	陳思成律師
初版	西元 2018 年 10 月 1 日

總經銷	知己圖書股份有限公司
	106 台北市大安區辛亥路一段 30 號 9 樓
	TEL：02-23672044 / 23672047　FAX：02-23635741
	407 台中市西屯區工業 30 路 1 號 1 樓
	TEL：04-23595819　FAX：04-23595493
	E-mail：service@morningstar.com.tw
網路書店	http://www.morningstar.com.tw
讀者服務專線	04-23595819#230
郵政劃撥	15060393（知己圖書股份有限公司）
印刷	上好印刷股份有限公司

定價 499 元

ISBN 978-986-443-491-6

Setting up a Tropical Aquarium
Published by Interpet Publishing
©2015 Interpet Publishing.
All rights reserved

填寫線上回函
即享『晨星網路書店Ecoupon
優惠券』一張

您不能錯過的好書

百種淡水熱帶魚圖鑑！
從設置水族缸到選擇完
美魚類的完整百科，讓
你從0開始創造屬於自
己的淡水缸！

超實用海水缸設置教
學，到90種海水魚圖
鑑全收錄。新手入門指
南、玩家參考寶典，一
本搞定！

飼養環境、餵食、繁
殖、健康照護一本通！
收錄紅眼樹蛙等超過
20個物種的完整照護
資訊！

晨星寵物館重視與每位讀者交流的機會，
若您對以下回函內容有興趣，
歡迎掃描QRcode填寫晨星寵物館線上回函，
就有機會得到小禮物唷！
也可以直接填寫回函，
拍照後私訊給 FB【晨星出版寵物館】

◆ 讀 者 回 函 卡 ◆

姓名：_____ 性別：□ 男 　□ 女 　生日：西元 ＿＿＿＿／＿＿＿／＿＿＿

教育程度：□國小 □國中 　　　□高中/職 □大學/專科 　　　□碩士 □博士

職業：□ 學生 　　　□公教人員 　　□企業/商業 　□醫藥護理 □電子資訊

　　　□文化/媒體 　□家庭主婦 　　□製造業 　　　□軍警消 　　□農林漁牧

　　　□ 餐飲業 　　□旅遊業 　　　□創作/作家 　□自由業 　　□其他_____

* 必填 E-mail：_____ 聯絡電話：_____

聯絡地址：□□□_____

購買書名：熱帶水族箱：為自己創造一個絢麗的淡水世界！_____

·本書於那個通路購買？ 　□博客來 □誠品 □金石堂 □晨星網路書店 □其他_____

·促使您購買此書的原因？

□於 _____ 書店尋找新知時 　□親朋好友拍胸脯保證 　□受文案或海報吸引

□看_____網路平台分享介紹 　□翻閱 _____ 報章雜誌時瞄到

□其他編輯萬萬想不到的過程：_____

·怎樣的書最能吸引您呢？

□封面設計 　□內容主題 　□文案 　□價格 　□贈品 　□作者 　□其他_____

·您喜歡的寵物題材是？

□狗狗 　□貓咪 　□老鼠 □兔子 　□鳥類 　□刺蝟 □蜜袋鼯

□貂 　　□魚類 　□烏龜 □蛇類 　□蛙類 　□蜥蜴 □其他_____

□寵物行為 　□寵物心理 　□寵物飼養 　　□寵物飲食 　　□寵物圖鑑

□寵物醫學 　□寵物小說 　□寵物寫真書 　□寵物圖文書 　□其他_____

·請勾選您的閱讀嗜好：

□文學小說 　□社科史哲 　□健康醫療 　□心理勵志 　□商管財經 　□語言學習

□休閒旅遊 　□生活娛樂 　□宗教命理 　□親子童書 　□兩性情慾 　□圖文插畫

□寵物 　　　□科普 　　　□自然 　　　□設計/生活雜藝 　　□其他_____